民宿在中国

Chinese
Rustic
Boutique
Hotels II

陈卫新 编

辽宁科学技术出版社
·沈阳·

建筑是时间与空间的艺术，时间中的空间，空间中的时间。时代的快速发展让新型旅游方式不断出现，也促进了我国文旅产业内容的多样化和创新。民宿作为一种地域文化及居住体验并重的，且独具特色的业态，不仅可以吸引人流、促进在地消费，更兼具延续传统、人文、民族等文化的重要作用，是人们体验中国地域风俗和文化的空间载体。尤其是在全球旅游业的发展态势中，中国的民宿设计更是需要朝着专业化、地域化、高端化、国际化的方向不断发展。

2017 年，我主编的第一本《民宿在中国》出版，包括 28 个经典民宿作品，各具特色。作品独特的设计理念与文化内涵构成整本书的核心价值，出版后畅销海内外。有赞赏，也有善意的批评，我虚心接纳，在编辑工作里一直尝试改变并有所突破。蓄力四载，时值 2022 年，基于以往的经验与总结，我独家对接了业主、设计师以及创作团队，深度挖掘每一个民宿背后的故事，最终将收录 34 个独特作品的《民宿在中国 2》呈现给大众。

2022 年，民宿在中国，在北京、西安、大理、厦门、苏州、中卫、香格里拉；在震泽、常熟、乐清、安吉、夏河、仙居；在西递、双廊、和顺、乌镇、松阳、耀南、岔里；在海贝湾、南岔湾、曾厝垵；在无想山、碧山、鸡足山、青城山、哀牢山；在马儿山村、天目村……

在书中，我们可以聆听经历 500 余年风雨的江南古宅的故事，可以见证百余年历史老屋的重焕新生，可以感知"在地化复苏"的少数民族古建民居的魅力。

书中收纳的作品，有的延续了传统文化的包容与折中，有的分享了游牧民族生活与文化的传承，有的展现了地道的藏式生活与生态环境，有的拥有海边文艺的渔村以及如盐粒般洁净的纯白建筑，有的能够让人感受"山麓炊香有人家"的山水景象，有的可以让人探索"犹抱琵琶半遮面"

般的隐秘感受。此外，有哀牢山上的自然美感，也有无想山内的创新再造；有千年古镇的原始形态，也有江南水乡的柔软气质；有道教发源地的曲径通幽、与世无争的安宁，也有山水田园、古村石屋，以及顺应时代的生活方式。

少年不知乡愁意，再归已是愁乡人。乡愁与理想的栖居，都是人的本能。在这里，我以字传意、以图入境，希望读者能在书中感受到来自东方审美的文化自信，能够重新审视人与自然的关系、时间与空间的关系，能够从内心深处追寻、还原最真实的生活美学。

《民宿在中国 2》是一次新时代民宿设计实践的记录，是一种中国人内心里的理想栖居方式的缩影，书中有老宅，也有新宅，有几个世纪、几代人的生活情感与集体记忆。同时，我希望本书给广大读者展现出中国辽阔地域的时代风貌，向世界展示大美中国。

2022 年，民宿在中国，设计在中国，我们在中国，……

前言
Preface

目录
Contents

西安·诗唐花朝

诗唐花朝艺术民宿坐落于陕西省西安市长安区王曲南堡寨村的古村落旧址上,隶属长安唐村·中国农业公园,背依神禾原,山环水抱,生态丰茂,四季如画。它是以唐文化为背景的主题民宿,设计主旨在此得以实现:唐文化繁荣之上的包容与收敛,属于乡野山林的素朴与喜乐,远离纷扰的悠然和自得。

通过空间布局上的推敲、材料和色彩的过滤、软装的提炼,营造出视觉环境上的闲适意趣。更有对细节和质感的处理,使触觉感受细腻舒适。门厅是第一印象空间,这里有迎客接待、围坐倾谈的地方,也有餐饮招待的区域。在硬装方面,实木梁柱、肌理涂料、青石地面,还原出唐风的古朴;软装相间点缀其中,营造出颇具古风的生活气息。

会客区的火炉区最为瞩目,立在烟囱上的那只铜鹤,寓意带来丰收与祥瑞。精湛的工艺,令其轻盈展翅、栩栩如生,在此围炉而坐,畅心倾谈再惬意不过。环顾四周,从文人的匾额、唐画、书册、器皿到村夫的笠帽、蓑衣、背篓、竹篓,慢慢过渡到餐饮区的五谷丰登、以食为天的壁挂……在质朴的印象中,处处透露着精致的生活痕迹,好似展开了一幅田园居士雅趣又洒脱的耕读生活图卷。

唐人好茶,饮茶文化为"比屋皆饮"之势。茶室在这里代表着一个时代的风尚,茶席的一侧设置了地台,以缅古人席地而坐之情怀。屋内从挂屏摆设,到鼓墩坐榻,都若有似无地流溢出氤氲的文艺气息。

从公区到客房,家具配饰的形态与细节均是对唐代文人生活情趣的挖掘,源于艺术提炼后的演变加工,都值得细细玩味。而作为精品民宿的客房,既要有家的舒适感,又要有度假的仪式感——有步入式的衣帽柜、供沐浴赏景的窗边浴缸,还有可以饮茶的地台……除了休息,诗唐花朝还提供不同的生活方式和态度。

设计单位:
上海禾易设计

设计:
陆嵘

主要材料:
石材、木饰面、肌理涂料、铜饰、瓷砖、竹帘、壁纸

面积:
约 1700 平方米

摄影:
三像摄

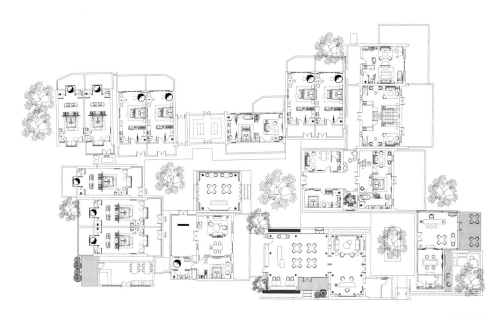

总平面图

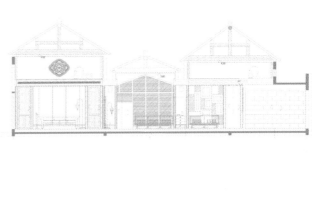

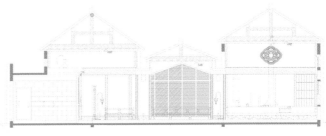

餐饮招待区立面图

餐饮区平面图

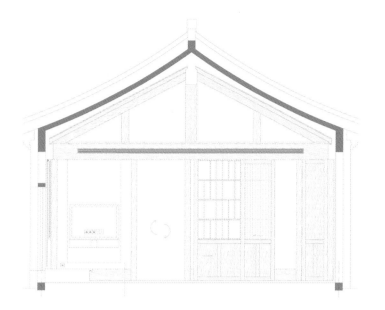

茶室立面图

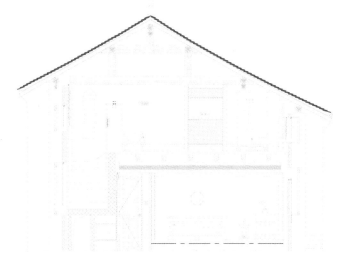
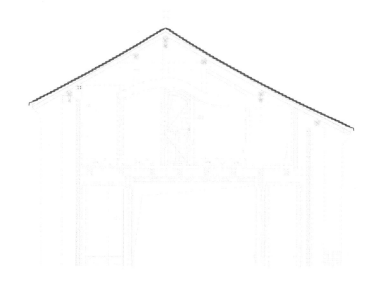

客房立面图

客房平面图

让向往乡土生活的日子里多一点唐人的影子……

陆嵘

同济大学建筑学硕士，上海
禾易设计设计总监。坚持传
承、融合、创新，通过设计
继承中华传统文化，融合当
代人文审美需求，探求中华
传统工艺与当代建筑空间的
融合，创造出美轮美奂的室
内空间。坚持个人的设计标
准，把生活美好的一面带到
设计领域中，将美融入设计
空间，带给人们美的享受。

民宿信息

地址：陕西省西安市长安区王曲南堡寨村唐村 10 号
电话：029-89054061

无想山·花迹

设计单位采用旧砖旧瓦创新再造无想山·花迹，让新建筑一出生就似 100 岁。设计师通过生态建筑的手段基本摆脱对设备的依赖，实现室内与建筑完全同生同长，谦和永久地融入这片土地。

空间合理的布局、合理的高度，让这个建筑群隐在竹海里，挂在树梢上。在传承江南山地民居形态的前提下，减去一切民俗象征性符号。设计师着力用砖瓦色质、砖与砖缝的对话来传达建筑的气质。阳光照进室内，空气产生流通，营造生态环境。

将传统式民居有机合理连接，为客房运营管理提供方便，客房区与公区分离，解决静与动的分区。在室内去掉衣柜抽屉，不吊顶，无踢脚线，无门窗套，无消防栓门……避免物料开裂。将室内墙体及梁柱打磨出圆角，化解锐角易损等问题。每个空间都有方便开启的窗户，配以吊式风扇，吐故纳新，提高空气质量。

就地取材，利用当地石头、竹子资源，回收旧砖旧瓦，最终创新再造出一个由砖房子、瓦顶棚、石头地、竹围栏构成的生态可持续整体。室内以木本色、白涂料、土红砖为主。

设计单位：
余平工作室

设计：
余平

参与设计：
马喆、陈明、孙林、蒲仪军

主要材料：
旧砖、旧瓦、石头、竹子、旧木、白涂料

面积：
5000 平方米

摄影：
ingallery

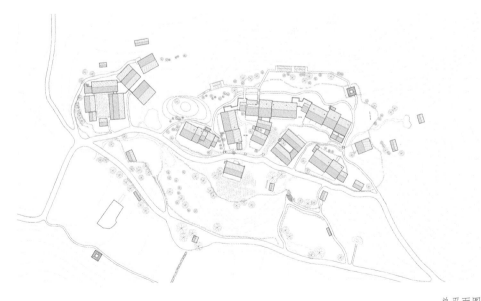

总平面图

建筑正立面图

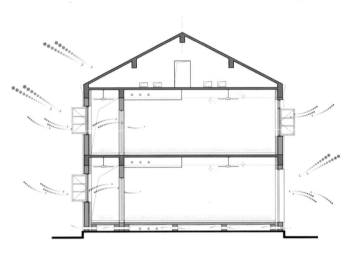

建筑剖面分析图

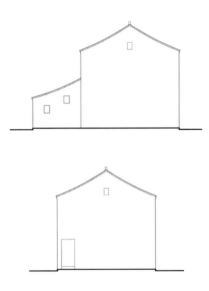

建筑山墙立面图

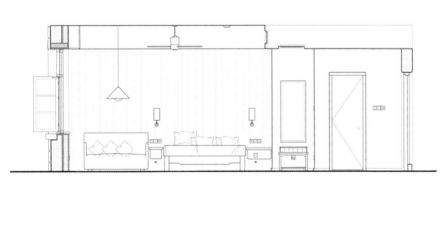

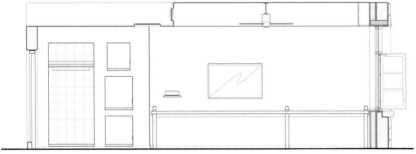

客房立面图

余平

余平工作室创始人，西安电
子科技大学工业设计系教
授，中国建筑学会资深会员。

城里长大的我面对乡土，如何去做设计？守住初心。

把握乡土，就是远离城市，那里有更真切的阳光、空气，还
有青山和绿水；记住乡愁，就是记忆中村庄的老房子、工匠，
还有土、木、砖、瓦、石这些建造物料。面对它们，我无须
表达自己的与众不同，不为创新而创新，坚定以传承为方向，
用传承来理解乡土。守住古早地域民居的基本形态，再解决
问题，去满足当代生活的舒适性。

我以为，守住乡土与乡愁比创新表达设计师的个人存在感更
为踏实。

民宿信息

地址：江苏省南京市溧水区晶桥镇唐家庵村 14 号
电话：025-52809955

震泽·西坡

19世纪中叶，震泽的丝业享誉世界。震泽·西坡坐落于一处隐谧的江南水乡，是古镇中沿河的一处老宅子。小桥、寺庙、丝绸等在地的生活元素，使这座古镇的气质柔软而富有女性色彩。

设计上保持着修旧如旧的手法，在赋予这几座明清院落新生的同时，也保留了从前居民的生活动线。三座院落串联而具有亲密感，具有摩登感的复古花砖仿佛给旅人们在此开启了一段奇妙的穿越时光之旅。

在动线的设计上，设计师用新的方式去呈现原先老宅子里的生活，原先是互不干涉的三栋建筑，通过在楼和楼之间建立回廊、天井，对原先散落的几栋建筑做了贯通和串联，营造出亲密与疏离刚刚好的社交氛围。不想局限于传统的园林式老宅景观的呈现，在院子里设计了一汪蓝色的泳池，希望能够带给客人一种古和今的穿越感和碰撞感。在室内软装方面，放置了色彩艳丽的家具，带入了古镇中生动自然的生活气息。家具设计的灵感来自苏绣文化：异域风情的花朵图案和江南水乡中所带有的女性色彩互相呼应。

设计单位：
德清滟阳下装饰设计有限公司

设计：
任贤莉

参与设计：
沈菲、杨晓燕、沈雅

软装设计：
西坡家

主要材料：
黑瓦、青砖、花窗、杂木、花砖、彩砂水泥磨面

面积：
646.4 平方米

摄影：
熹姐

总平面图

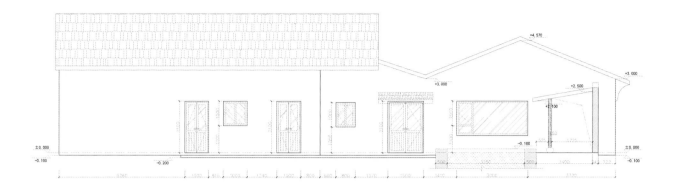

外立面图 1

1 : 100

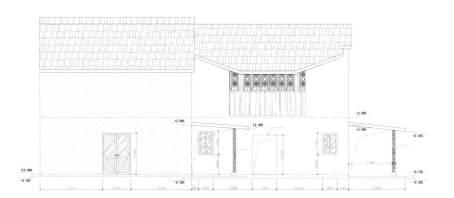

外立面图 2

外立面图 3

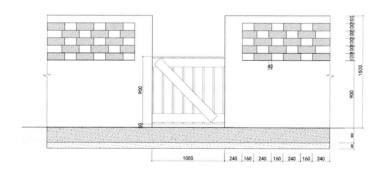

室外围墙大样图

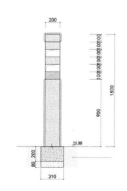

院子地面铺装大样图

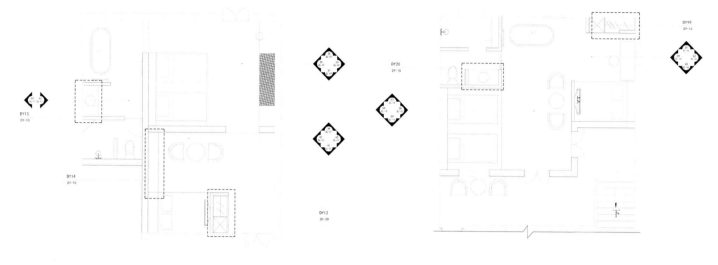

客房 4 平面图　　　　　　　　　　　　　　　　客房 6 平面图

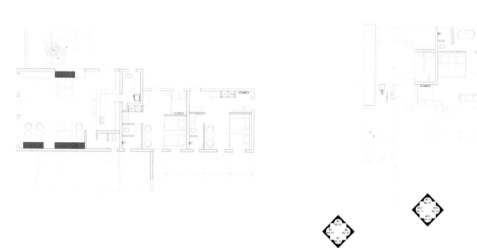

局部平面图 1　　　　　　　　　　　　　　　　局部平面图 2

任贤莉

德清滟阳下装饰设计有限公司设计总监，建筑师、室内设计师、软装搭配师、乡村生活美学家。

我一直致力于保护当地的古建筑，在修缮与改造它们时，将其整体的木结构保存得非常完好，抬头便可以看见旧时留下的木雕。我保留了原始的结构，保留了100多年前的牌坊和花棱窗，通过楼和楼之间的串联，增加了生活趣味性。我希望可以通过设计，让年轻人对老的建筑有新的认识。

民宿信息

地址：江苏省苏州市吴江区震泽镇宝塔街 44 号
电话：18913108092

象山·西坡

在象山半岛的东北端，有一处曾被称为"小蓬莱"的村落。这里依山傍海，有青莱和芦苔碶头两个村庄。大海孕育了这里的一切，海浪沉稳，海风舒缓。

民宿原始建筑建于清代，院落是中国最为典型的一种围合居住形态。设计师想要保护好老建筑的形体，保留数百岁建筑的骨骼与四合院结构，将这近200年历史的古建筑一点点修补、重建。在保护老建筑的同时，给予它们新的生命力，让它顺着本来的骨骼去生长。这样改造后的院落不只是"被注视""被参观"，还可以带着岁月的痕迹一直延续下去。

选择青莱、芦苔碶头、乌屿山三个村庄的名字，作为院落的新名字。在以原先四合院为主体的基础上，设计师将它们改造为十二间客房，分别为青莱三房、芦苔碶头五房、乌屿山四房，有经典、精选和复式三种房型。在设计上重视家族和邻里之间宝贵的亲密感，于是，用石头垒砌成低矮的围墙，保证院落开阔又整洁。院墙保证了旅居最重要的私密性，也不会隔开邻里热情的招呼和笑脸。在接待中心前，修建了一条长长的廊道，初衷是给村里的老人提供喝茶聊天的地方。夏天村民们一起纳凉吃水果，冬天凑在一起晒太阳烤火，邻里文化被完好地保留下来。

项目整体上使用了低调而轻松的设计手法。20世纪五六十年代留下的斑驳的白色墙面，青瓦上的猫咪吉祥物，具有神秘感的月洞门，以及院落中的石狮，都被保留并巧妙地融合在了整体的建筑与室内设计之中。在软装上，收集了来自印度恒河的渔网灯，从当地村民家里淘来了玻璃浮漂、麻编地毯，象山的海元素在这里得以延续，搭配符合青莱当地生活气息的陈设与手工艺品，将本地特色融入民宿的日常环境中。整体建筑空间最大限度地保留了当地的渔港风貌，保留了原住民记忆中的家，不着痕迹地营造出了海边村落闲适的度假之感。

设计单位：
德清滟阳下装饰设计有限公司

设计：
任贤莉

参与设计：
杨晓燕

软装设计：
钱启帆

主要材料：
彩砂水泥磨面、肌理工艺内墙、原始木、小青瓦、杂木

面积：
2699平方米

摄影：
南西空间影像

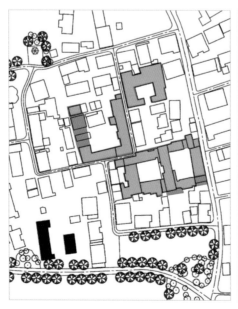 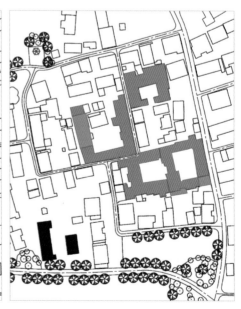

平面图

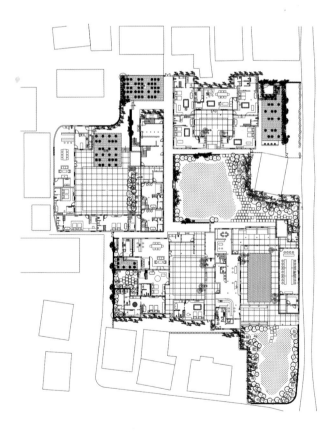

平面图

任贤莉

德清滟阳下装饰设计有限公司设计总监，建筑师、室内设计师、软装搭配师、乡村生活美学家。

在青莱这个"空心村"里，年轻的人们奔向远方，留守的老人们步履蹒跚，这座村子仿佛快要被时代遗忘。我想用自己的力量留住这种质朴的生活，除了为当地村民提供一种新的生活方式，更想在保护老建筑的同时，给予它们新的生命力。我希望在这样古老的村庄中，找回人的情感价值，再现一种大家庭的生活图景。我选择了青莱、芦岙碶头、乌屿山三个村庄的名字作为它们的新名字，希望村庄缩影成小小的院落，留存这里原有的生活方式。项目设计的初衷是希望可以保留村民原有的记忆，让年轻人可以再回到这里。

民宿信息

地址：浙江省宁波市象山县贤庠镇青莱村
电话：400-004-2929

苏州·景庆堂

聆听了500余年风雨的江南古宅，蕴藏着文人墨客笔下的江南味道。晚风轻抚落日，月光坠落星海，更有听不腻的檐前滴雨，看不厌的锦鲤跃起，恬静又清丽。

景庆堂以东方印象为方向，主张传承东方文化思想，以当代的创作手法，结合现代人的鉴赏观，修复老宅，以新的民宿形式保存老宅，让老宅以新的形式风貌面向大众，让更多的人喜欢上老宅，更珍惜这些记忆。

在整体空间设计上，从园林元素中提取动态元素，引申出苏式园林的空间秩序，迭织出自然写意的内涵。汲取自然中山川河流的动势，打造出沉淀的文化底蕴。设计师用园林的精神意象，勾勒出一处自然的场景，这种自然并非源于景观或者建筑，而是产生于一种故事和文化的衍生和互动。

一层为民宿的公共区域，就餐、饮茶、聚会、休闲一体化，合理的动线规划使空间更加灵动。在室内设计中结合人文文化、建筑学、美学、人体工程学等，将其运用到空间环境中。通过特色鲜明的文化符号和设计语言，以建筑为依托，营造一个富有人文关怀的公共空间。二层为住宿区域，为人们提供安静的居住环境，共三间套房，功能齐全。

新旧建筑交替的空间是设计的重心，空间界面以大面积新墙面的白，碰撞局部保留的老墙面的灰，更结合楼梯上大胆运用的红，搭配出让人眼前一亮的效果。充分利用建筑空间与光影的关系进行设计，老木头与瓦砾述说着过往的历史事迹，随着时间的更迭，空间光线变幻被发挥到极致。

设计师遵循"该现代就现代，该以前就以前"的设计思维，房顶岩板未曾被动过，整个房顶都是明代的，房顶以下都是现代的，这种渭泾分明的冲突感，让人感到十分新奇。

设计单位：
天易居（苏州）规划设计有限公司

设计：
孙军

参与设计：
赖敏志、刘家秋

灯光设计：
张建宝

主要材料：
苏式金砖、老石板、花格窗、扪包、金属、木头、微水泥

面积：
660 平方米

摄影：
吴辉

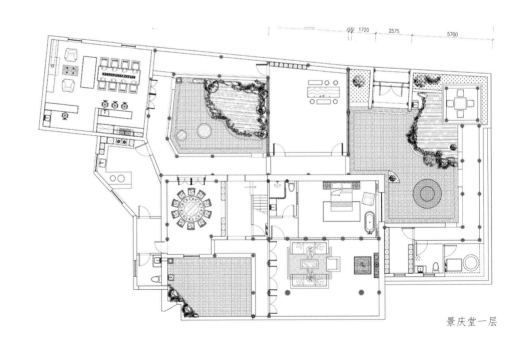

景庆堂一层

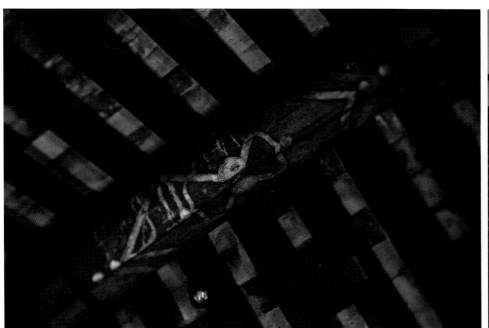

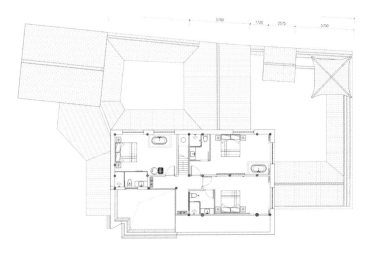

景庆堂二层

孙军

天易居品牌创始人，杭州国美建筑设计研究院民宿规划设计院院长，天易居（苏州）规划设计有限公司总规划师，古建筑修复专家，老宅修复专家，亚洲民宿协会会员，2019—2020年中国室内设计年度封面人物。

时代奋勇向前奔跑时，很容易把珍贵的东西遗落了，这座景庆堂（叶家老宅）差点被埋藏在500余年的历史长河中。宅子有一种深沉的古韵之美，一种燃着岁月酿成的陈酒般醇醇的香之美，包容着半个多世纪的创伤，延续着一个民族不变的精神。所以老式的传统方式不能丢，一定要有，可以不用，但是要告知我们的子孙后代，他们的父母和祖先有什么样的生活方式。烟雾中长长的小巷子，被怀旧的时光浸染着，木门里头老宅的故事正在上演……

民宿信息

地址：江苏省苏州市吴中区东山镇莫厘峰天易居客栈（景庆堂店）
电话：18912615677

苏州·有熊公寓

有熊公寓是苏州老城区的一处古宅，始建于清代，前后共四进，其中四栋建筑是清代的木结构古建筑，另四栋为后来扩建的砖混结构建筑。整个宅院在历史上是一户人家的私宅，虽然要改造成现代公寓，但设计理念是延续老宅原有的精神和空间体验感，而不是将宅院割裂成一个个孤立的客房。

设计师基本沿用了原有的庭院布局。对于清代古建改造部分，保留了全部的木结构，并在内部增加了空调和供暖系统，以及卫生间、淋浴间等现代生活所必需的功能区。

去除原有木结构表面的暗红色油漆，改为用传统大漆工艺做的黑色，与原木色门窗结合，展现出老宅古朴素雅的气质。室内采用黑胡桃木、天然石材等自然材质，忠实于材料本身真实的质感，延续古朴的氛围。在砖混建筑改造的部分，去除原先立面上的仿古符号，新做的黑色金属凸窗使用的是简洁而纯粹的现代语言。室内使用原木色家具，与古建筑室内的深色黑胡桃木形成对比，更具有轻松舒适的现代气息。新与旧有着各自清晰的逻辑，在对比和碰撞中和谐共存。

整个园子中有15个房间用作客房，另外超过一半的空间都用作公共空间，例如公共的厨房、书房、酒吧，甚至是公共浴池。做饭、健身、休闲娱乐等功能不但可以在自己的房间里实现，而且可以在园中和他人一起以共享的模式实现，家的意义在概念和空间上都被扩大了。整体的功能布局从南侧入口向北侧层层递进的同时，完成公共向私密的过渡和转化。每个入住的客人，不仅有自己的私密空间，更能走出来在整个园子里与其他人交流。

庭院是苏州古宅中最美的空间，成为设计重点之一。在老宅院里，每个古建筑都有一个独立的庭院，即使原本格局中没有庭院的房间，也特意留出一部分空间作为庭院使用。住宅不再是封闭的，室内与室外相通，庭院与庭院相连，延续苏州园林的情趣，空间随着人的行走变化流动，人的感官体验是动态的。其中的亮点是入口空间，原先的停车场被改造成石子的庭院和水的庭院，穿过竹林肌理的现浇混凝土墙面，回家的客人从外面的城市节奏自然转换到园林宁静自然的氛围里。水池中的下沉座椅，让人们在休息时更加亲近水面和树木，带来不一样的视角和体验。通过庭院的改造，动和静，城市和自然，达成了最大限度的和谐。

古宅的改造是一种与历史的对话，在城市人越来越倾向独居生活的个体时代中，设计师希望通过苏州古宅的改造，创造一种打破私密界限，让人与人、人与自然都能产生交流的空间。

设计单位：
B.L.U.E. 建筑设计事务所

设计：
青山周平、藤井洋子、刘凌子、
魏力曼、张士婷、杨光

面积：
2500 平方米

摄影：
加纳永一

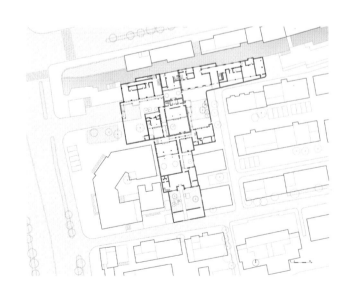

总平面图

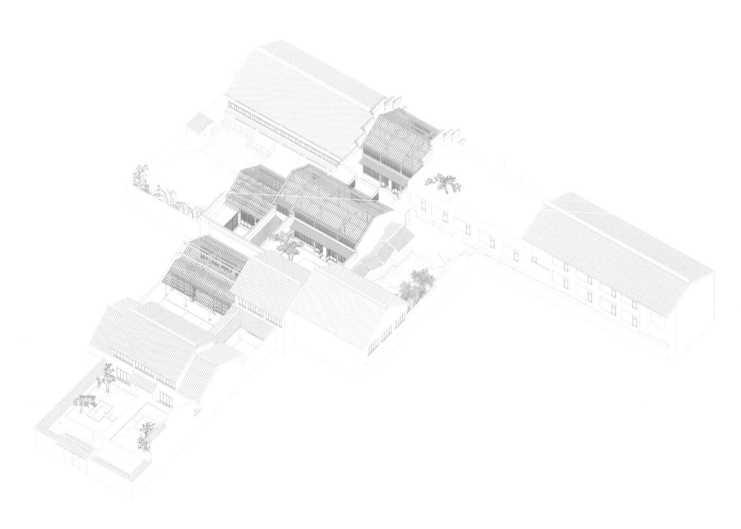

轴测图

一层平面图

二层平面图

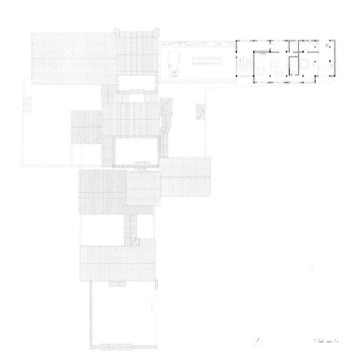

三层平面图

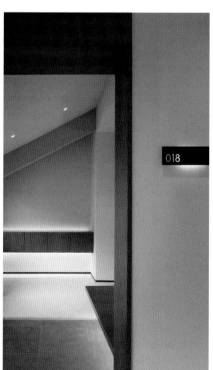

青山周平

B.L.U.E. 建筑设计事务所创始人、主持建筑师。清华大学建筑学院博士生，北方工业大学讲师。

传统建筑改造是一场与历史的对话。作为建筑师，同时也是城市的参与者，我希望能通过对古宅的改造，让传统文化在现代社会的变迁中重获生命，同时也为老城区注入新时代的活力。在改造中我尝试为人们创造一种新的交流和生活方式，既是对当下个体时代中生活方式的探索，也是对古城更新模式的一种新思考。

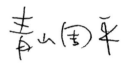

民宿信息

地址：江苏省苏州市姑苏区敬文里 29 号
电话：0512-69166898

常熟·唐宅

常熟自古是一个文化底蕴深厚的古城，在老城区，有许多特色老宅，唐宅就是其中一座。它曾是清末漕运总督唐一葵的家，也曾有过雕梁画栋、亭台水榭的锦绣时光，漫漫400多年光阴消磨了它的风华，伴随着常熟老城区共同沉寂。岁月流转，老城区几乎还保留着原始模样，没有高楼大厦，也没有灯红酒绿，慢节奏的生活状态让人内心安静。

跨越明清民国，唐宅的文化价值十分珍贵。唐宅的奢华，不在于外观，而在于内部运用的大量苏雕，直至今日都栩栩如生，有象征着美好寓意的石榴、葡萄、麦子象征多子多孙，还有仙鹤、鹿等，寓意福禄寿喜……宅内拥有一个独立院落居所，一方幽幽小院，精准还原园林主人的生活。构思精巧，景象玲珑，虽宅院仅占地2341平方米，但其内亭、台、轩、榭，一应俱全。院内中心是锦鲤小池，上跨三曲石桥，四周假山绿植围绕，可谓一步一景。跨过三曲石桥，是当时苏南地区最奢华的戏台，也是当地一级保护文物，格外珍贵。

对于这样的老宅文物，改造的重要原则之一就是传承：工艺、文化、宅子所传达的生活状态，一个都不能少，设计师希望能将这些完美地复原出来。唐宅的后人是常熟虞山画派的代表人物，在宅子中会看到部分书画真迹，不管是花鸟画、山水画、人物画，还是书法……宅子有着很多明代建筑的显著特点，建筑中运用的雕花工艺代表着当时的最高水准，在修复过程中，设计师将这些都完整地保留了下来。而那些被时间风蚀的雕梁画栋，专门请来从事雕刻工艺的老匠人，反复对比文献，对其进行了精细的修复，将这份即将失传的美延续下去。同时设计师四处搜寻拥有类似雕花的老房梁，呼应老宅的细节。

改造老宅的另一个原则就是将新元素融入宅中，唐宅的新元素主要体现在功能和住宿上。步入唐宅，即是大厅，家具陈设古朴，让人内心宁静，室内设计既保留东方传统美学，又能让现代人寻找到共鸣。大厅设有多处桌椅，静坐窗边，温暖的阳光透过窗枢笼罩全身，流动的细密光影划过脸庞。夜晚，靠着吧台饮一杯酒，或与二三好友围坐一团尽情欢畅，不论年龄，不分界限，每个人都能在这找到适合自己的娱乐方式。唐宅有着林、影、闲三种客房，象征意义大不相同，房间布置也各具特色，一式一物，细节摆放均极为精致。客房的设计，从符合唐宅气质的古香古色，到具有浓厚现代气息的轻松舒适，最重要的是对文化的传承。房间布置古朴，简易而不失雅致，让人全身心融入于此。抱枕的花纹有些是当年唐一葵的官服花纹，房内还有江南包袱型彩绘和经过文化提炼衍生而来的文创产品。临近窗边，俯瞰唐宅庭院景色，别有一番滋味。

设计单位：
苏州大墅尚品装饰设计工程有限公司

设计：
由伟壮

主要材料：
大理石、混凝土、木材、
玻璃、油漆、瓷砖等

面积：
2341 平方米

摄影：
潘宇峰、王律

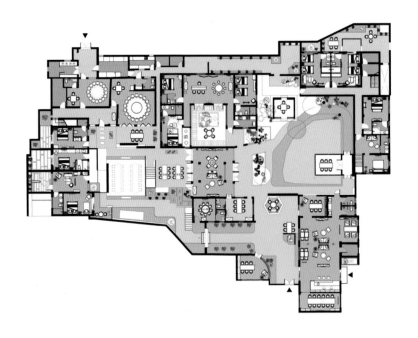

一层平面图

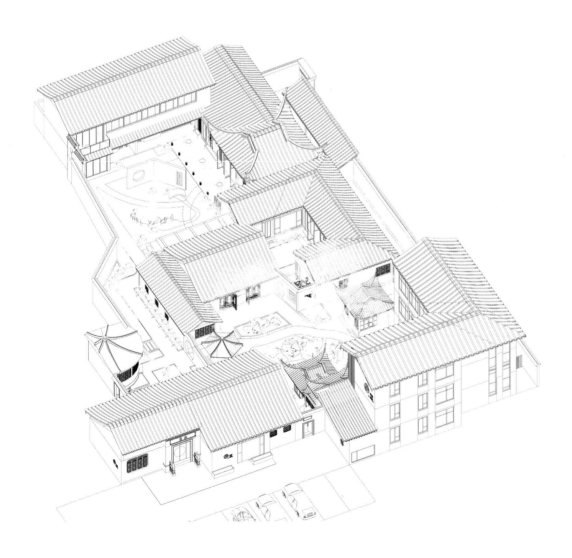

轴测图

二层平面图

二层平面图

三层平面图

由伟壮

大墅尚品装饰品牌创始人，翁布里亚软装陈设创始人、软装总监。助力青年设计师的发展，提供设计平台，对中华文化的沉淀和积累深厚。热心公益事业，关注老宅新生，为家庭困难的虞城人民进行老房改造，改善现实生活问题。

唐宅是我运营的第二个民宿，在串巷子的时候，发现了这个地方。这里由于历史原因，整个街区在改造过程中封存了10年，开始的时候里面比较破败，很多房子都已经坍塌了。第一次看到它的状态，特别开心和激动，觉得它未来可能会成为常熟城中第二个值得我用心去打造的地方。我把这个想法给当地的政府讲了以后，他们非常支持，这才有了后来唐宅的从修缮到装修，再到民宿的落地过程。

宅子的整个建筑跨度，从明清到民国，共400多年。在整个修缮过程中，第一，要去尊重文物的盛世状态；第二，要尊重建筑的历史。所以现在会看到主厅的明代建筑依旧保持了原本的四方方脊和方柱。然后整个明代建筑，用不浮夸的一个建筑还原，力求跟文献匹配。同时，清代建筑更注重雕花，更加具有人文性。我希望老宅的盛世可以在建筑上、在空间美学上体现，但是在使用体验上，还是希望它能够更加适合当代人的一种诉求。同时也尽量汇总常熟老城的一些老物件，然后让这些物件在真正意义上有一个新的释放场所，给更多的人带来共鸣。比如其中有老式的江南船，我将它做成了书架，用更新的形式表现出来。

既然是古建筑，它肯定会有一些遗存，唐宅也是。当时在修复唐宅整个大殿及前院的时候，挖出了很多的东西，如一个明代的钱窖。唐宅的前身是老城区一个钱庄老板的房子，在钱窖里面有一口明代的缸，保存得非常完好，整个钱窖的基石是清式的青砖拱形顶。同时在钱窖里挖出了很多残片、瓷片，仔细看这些瓷片会发现，使用这个地方的主人肯定非富则贵。从明清到民国，这些残片的烧制工艺、彩绘状态、用材，都是非常的奢华，有着极大的文物和历史价值。除此以外，还挖出了很多的房屋基建石条，石条上有特别漂亮的石雕，有人物的、山水的、花鸟的，它的跨度是从明代到清末。在这个跨度里边，会发现我们中国传统文化的博大精深，以及古代匠人的细致程度和匠心。

唐宅具备独有性，我希望它可以像家一样，别人进来后能停下来，真正安安稳稳地在床上睡一觉，跟这个空间有亲近感。宅里的房间几乎没有重样，差不多有十几种风格状态，既有年轻人喜欢的，也适合老年人。希望更多的家庭有一种融入感，真正像一个家，放下外面的快节奏生活，在唐宅，停一下。

民宿信息

地址：江苏省常熟市虞山街道县南街43号
电话：15995938111

西递·融合

西递·融合是竹间设计团队历经4年打造的项目，设计是在限制和被限制的夹缝中完成的，游走于传统与当代之间。所谓打破，是指打破在地性与外来性的的界限，打破古建与新建的界限，打破自然与室内空间的界限……再做到融合。实际上徽州文化也并不是保守的，其经过了千百年来的融合，是当地固守的文化融合了徽商还乡后带回的外来文化，才形成了我们现在所看到的形象。

设计团队在村边建立了一个茶空间，本着不破坏古村肌理的原则，打造了一个古建筑官厅，其内核是具备现代风格的体块空间。空间面对大山，不设门窗，山风吹过，鸟儿在此盘旋。望山、听风、看雨，真正打破界限，与自然融合。一面16米长的墙，材料来自拆除老房子留下的的材料，碎石、老砖瓦、旧石板、镜钢、玻璃砖……从嘉庆年间到如今跨越了200多年历史，新与旧的语言在这里展开对话。尤其是空间中有醒目的红色玻璃砖，红色既是中国的颜色，又是国际化的颜色，对于徽州，那水墨中的一抹红更不可或缺。

设计师希望可以打造一个从自然生长出来的建筑，访者初来时是一个样子，10年后再看又是另一番景象，百年后的访者至此又有新的体验。这里的院子坐落于山边，是城市人向往之所，追求的是大道无形的感觉。在这里是看不出什么设计的，充满野趣的生活状态是中国园林所追求的极致状态。身处于此，不必纠结在地不在地、徽州不徽州、传统不传统、当代不当代，抑或是论繁简和东方精神，只需要尽情去体会这座有生命、有人情味儿的空间即可。

室内陈设的是晚清与民国时期的古董家具、当代艺术品，以及主人收藏的老钢琴和各种年代的用品，融合了老房子的温度和人情味儿。每一个空间的完成其实是一段新生活的开始。合谐总是在冲突矛盾中诞生，融合与打破同在，不破不立，始终是这样一个哲学的辩证关系。

设计单位：
天津竹间美学环境艺术设计有限公司

设计：
韩帅

参与设计：
杨晓兵、韩精灵、田艳美

软装设计：
庞璐、刘媛

主要材料：
碎石、老砖瓦、旧石板、镜钢、玻璃砖

面积：
5000 平方米

摄影：
魏刚

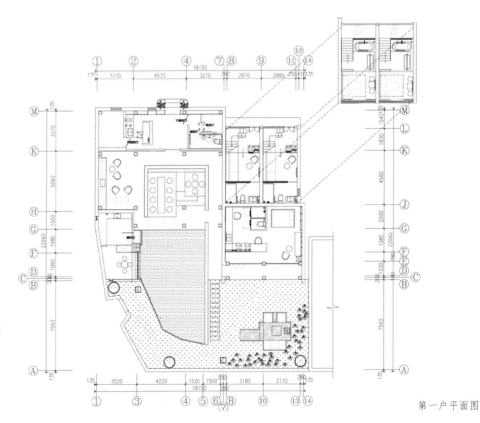

第一户平面图

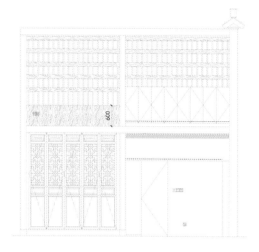

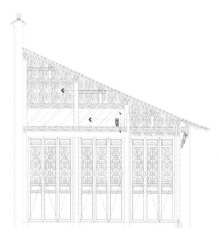

立面图

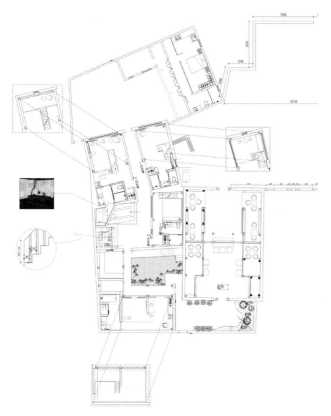

第三户一层平面图

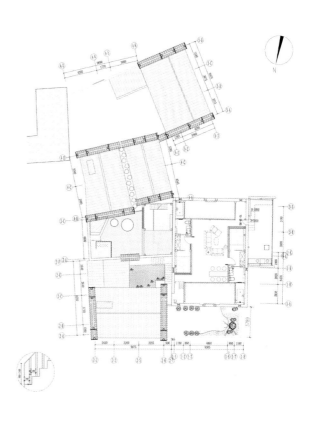

第三户二层平面图

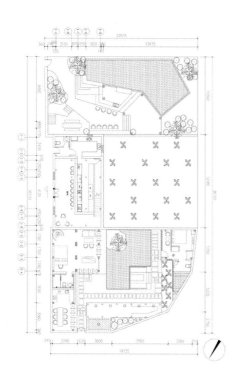

第四户一层平面图

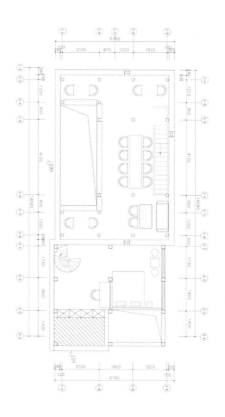

第四户二层平面图

韩帅

天津竹间美学环境艺术设计
有限公司、何必在山林联合
创始人、设计总监，天津美
术学院客座教授，中国建筑
装饰协会高级室内建筑师，
吸光度摇滚乐队主唱。

西递·融合项目是在大自然山水间、在历史文化名村中诞生
的一件作品，它像一本书，需要细细品读，它是一本关于中
国文人精神世界的书。汤显祖说过"一生痴绝处，无梦到徽
州"，很多人问我西递·融合项目的风格是中式还是现代，
我戏称其是徽州乡村版的超现实主义风格，我希望从城市来
的人就像做一场梦一样，患了城市综合征而精神麻痹的人做
了一场陶渊明归园田居式的美梦——梦到了烟雨江南，梦到
了黛瓦粉墙，梦到了雨巷中撑着油纸伞的女子。人生与度假
其实就是这种感受，出离一世，又入一世，最终不过是南柯
一梦。

民宿信息

地址：安徽省黄山市黟县西递镇西递村后边溪
电话：18255907558

碧山·我的收藏

我的收藏位于碧山书局的对面，其前身诞生于三百多年前的明朝，它的主人在这里生活、成长、接待远方的好友……子孙后代的传承使它不断地延续着建筑的历史使命。可惜的是，由于历史原因，这幢古建筑破损极其严重，而且老房子封闭、阴暗、落后的生活环境无法适应现代人的生活需求。

改造的目的在于修复与改造破旧的老宅，保留老建筑的原貌，突破"可远观而不可亵玩焉"的死规则，延续、保护古建筑的生命。这是为美丽乡村的建设添砖加瓦，让村民对古民居有重新的认识，让建筑与自然共生共融。

设计与碧山书局传播的文艺气息相配合，延续文创精神，传承徽州优秀的传统文化，弘扬历史文化。同时尝试将徽州居民的生活方式、饮食习惯，特色民俗风情，文人雅士的田园生活融入空间中。我的收藏是设计师做的一次新的尝试，不是为了采摘果实，而是培育种子，为碧山的未来创造更多的可能，更像是设计上的一种战略，一次深度的研发。设计团队关注的是建筑的发展潮流，以及新时代赋予设计师的历史使命。这里不仅仅是一个居住的空间，也是展示生活方式、举办雅集、体验琴棋书画诗花茶的场所，更是文化交流与展示的平台。

破败的碧山老宅变成了设计师的收藏居，重新唤起了关于过去的记忆，让老屋重新焕发生机。新与旧的融合，有时更像是一场戏剧的编排，老屋新叙，时光的精义，在关于"居"的潜思与构建中依次展开。

碧山老宅的未来是延续中国文明，依据现代人的生活方式不断改进完善，引领现代建筑潮流，让乡村更像乡村，让中国更像中国。它将成为一个入口，是对徽文化认识的入口，是让离开的主人可以回到老宅继续居住的入口，更是新故事的开端。

设计单位：
安徽省和同装饰设计有限公司

设计：
陈熙

参与设计：
乔恩南

软装设计：
陈熙、王一寒

主要材料：
老杉木、水磨石、硅藻泥、橡木

面积：
450 平方米

摄影：
科比

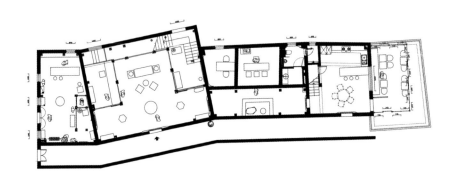

平面图

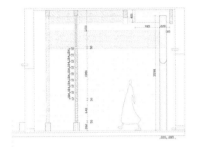

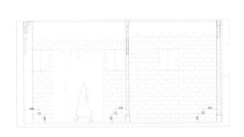

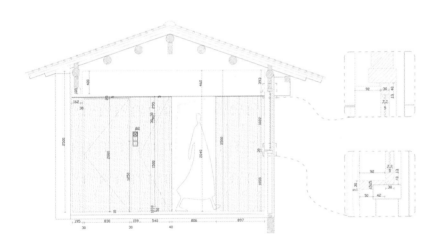

立面图

陈熙

安徽省和同装饰设计有限公司创始人、设计师，黄山山水间微酒店创办人，徽州民宿协会会长。

民宿信息

地址：安徽省黄山市黟县碧阳镇碧山书局正对面
电话：19942593538

我的收藏的前身是一幢有三百多年历史，近乎荒废的明代徽州老宅，保留相对完整的是两座砖雕门楼，木结构部分已经腐烂倒塌。基于多年来对徽州宅子的情结，以及这些年累积的对老宅子改造的经验，我就下决心买下这个有历史文化的徽州老宅。初期只是想满足自己的乡村田园梦，闲暇时光可以在这里听雨、喝茶、独坐。

后来觉得好的东西还是要分享，让更多人可以一起来体验这样的一种静心慢生活。于是对空间进行重新规划，这里可以满足十个八个人入住，或者两个三个家庭在这里度假。于是规划出一花、一世界、一叶、一菩提、三生三世。这里有五个房间，还有茶室、餐厅、寒公子杂货铺等空间。餐厅与三生三世房间成了景观最好的地方，恰好可以看到窗外的茶园与远处的马头墙。

于是，我在我的收藏居中，等待着每一位客人……

鸡足山·瓦筑

大理的鸡足山，自古就是僧人云集、世人敬仰的清峰灵岳，山脚的寺前村从明代开始已是香客们停歇整冠的客栈村。瓦筑是一所典型的四合五天井白族古建民居，后被国子监杨质清后人改为三房一照壁。设计师本着尊重历史、尊重传统的初心，在改造时恢复了四合五天井的原貌，在修旧如旧且不改变原有结构格局的基础上，重新建构规划为满足现代旅游住宿体验需求的民宿空间。四比六的公共区与客房区空间规划，给客人最大的休闲活动体验空间，发呆、看书、聊天、喝咖啡、品普洱茶。

从建筑、景观到室内，遵循就地取材、老物新用的原则。剑川的传统木材门窗，鹤庆的人工雕琢毛石，宾川的土窑青砖青瓦，田地里特有的灰土黄土，凤凰山松林下的山茅草，沙溪古朴厚重的黑陶，随手捡来的枯树枝，山上随处可见的芦苇花，还有老木废砖……通过当地传统工匠及设计师之手，闪耀着迷人的文化光芒和艺术魅力。薰衣园树屋的建筑形态与室内环境力求自然、原生态，充分融合山林自然环境，以木构茅草屋及高反射镀膜玻璃，突出树屋在环境中"自然生长"的原有形态，表达自然而然、轻松舒适的空间氛围，追寻"没有风格的风格""道法自然"的意境。

东观日出、南瞰彩云、西望洱海、北眺雪山，这是鸡足山著名的"四观"，而塔院秋月、万壑松涛、壁绝夕照、飞瀑穿云、华首晴雷、太子玄关、古洞别天、天柱佛光则为"鸡足八景"，诗意源于此，瓦筑各具特色的九个房间就取名为肆观、院月、万壑、壁夕、飞云、华首、太玄、古天和天柱。"云无心以出岫，鸟倦飞而知还。"院子里有一个闲雅的空间，叫作无心亭。摆着满架有趣的书，支着几张爱晒太阳的桌子，墙上还有设计师亲手制作的钉子画，似山似云似水……正如书架上那些温暖的书里说的："我所理解的生活，就是和喜欢的一切在一起。"瓦筑的禅修阁，是一个禅门灵山脚下的冥想空间。原木窗格和房梁，配上修旧如旧的老墙，和一切求快的气质格格不入，却与十方风月心灵相通。

设计单位：
B&D 博睿大华工程设计机构

设计：
邓鑫

参与设计：
邓天灿、李威骏、赵金建、银东

软装设计：
李静、邓贝贝、白旸

面积：
660 平方米

摄影：
江河摄影、江国增

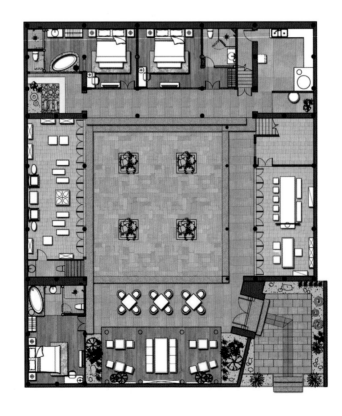

一层平面图

核桃林里有与薰衣草为伴、格桑花为邻的树屋，是一处自然、静心、回归田园生活的休闲空间，提供逃离城市喧嚣、静化心灵、回归本心、融入自然、忘记自我的品位乡村生活，是放空心灵、仰望星空、"解甲归田"的绝佳之地。薰衣园树屋的建筑形态与室内环境力求自然、原生态，充分融合山林自然环境，以木构茅草屋及高反射镀膜玻璃，突出树屋在环境中"自然生长"的原有形态，表达自然而然、轻松舒适的空间氛围，追寻"没有风格的风格""道法自然"的意境。树屋遵循原山地地形及古核桃树林的自然肌理，不破坏一棵树的原则，隐形、星空、蜂巢、休闲餐吧四栋建筑与核桃林环境完全融为一体，就像自然生长出来的一样，建筑与环境无缝对接，达到"天人合一"的境界。

圆形、方形、八角形三栋树屋在核桃林里私密独立又相互联系，树屋内舒适宽敞的空间、老木电视柜和写字台、进口实木地板加地暖、阳台上惬意的藤制躺椅，还有夜晚洒满星星的观星天窗、满地的薰衣草和格桑花、浪漫的秋千和摇椅，收获季节还有掉落的核桃，大面积落地玻璃窗让核桃林和阳光随时跑到你的面前……

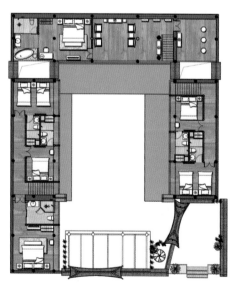

二层平面图

邓鑫

B&D 博睿大华工程设计机构
创始人、创意总监，云南省
旅游业协会环境与艺术设计
分会会长，昆明市建筑室内
设计协会会长。自然生活、
雅致生活空间设计者，积极
倡导并践行"崇尚自然、创
造慢生活"的设计理念。

当你跨越万水千山，走过幽巷矮房，来到这个白族百年风韵的民居门口，空气香甜，微风温柔，门口的九重葛和芦苇枝在对你招手。人生，应当调整一个舒适的节奏。有人专注于朝前，也有人着力连接过去。我有感于这座国子监老宅的前世与今生，于是将生活哲学融入个人设计中，将在地元素展现于厅堂之中。希望瓦筑可以带我们再次回到原始和本真的生活，对时光与季节顺服，重拾日常灵韵。

民宿信息

地址：云南省大理白族自治州宾川县
鸡足山镇寺前村瓦筑 · 国子监精品民宿
电话：17869039040

厦门·厢语香苑

中国东南沿海的闽南"金三角"，是历史上海上丝绸之路的起点，自古以来就是重要的海上交通枢纽。通达的地理位置积攒了雄厚的经济基础，并深受外来文化影响。于是，闽南文化兼具了中国传统农耕文化与海洋文化的特征，这种丰富多元的文化内涵充分体现在建筑上，具有鲜明的地域特色。

厢语香苑位于闽南"金三角"的厦门翔安区大宅村，至今已有800多年历史，毗邻山海，地势平坦。这里是闽南传统文化的传承地，也是大厝聚落的聚集处。如今，大宅村大厝聚落正被日益侵蚀消逝。面对这样的现实情况，如何以传统老旧建筑为载体，保留闽南的乡村记忆的同时，让古朴的村子通过设计的力量重新激活，成为极具时代性和在地性的课题。

厢语香苑民宿由新旧两部分体量组成，其中旧体量部分改造自有着几百年历史的大厝聚落，为整个建筑的核心空间。新体量是极简纯净的由钢、玻璃、砖构成的当代建筑风格。新旧体量之间相互碰撞、交融、对话，展现出设计师对于乡土遗留建筑的一体化改造与对于遗弃资源的再生思考。

大厝聚落是闽南传统民居的典型代表。建筑群中的单体建筑主体结构大都采用穿斗式木构架，建筑立面采用红砖和红瓦，屋顶为硬山形制，屋脊两端有微微上扬的曲线造型，端部使用"燕尾脊"做法，轻盈灵动。原有的大厝聚落均有不同程度的倒塌，一号楼倒塌部分为建筑的一进门厅和中庭西侧厢房，西侧外墙角石为不规则状态，设计师以折中的设计形式，在倒塌处建造了一个简单的几何建筑，与传统建筑形成融合。朴素纯粹的几何构筑赋予旧建筑足够的支撑力，也突出了大厝聚落的可读性。

设计单位：
中国美术学院风景建筑设计
研究总院有限公司

设计：
黄志勇

参与设计：
林淼、杨建、王杰杰、蒋方銮

软装设计：
林永锋

面积：
1200 平方米

摄影：
奥观建筑视觉、科比摄影工作室

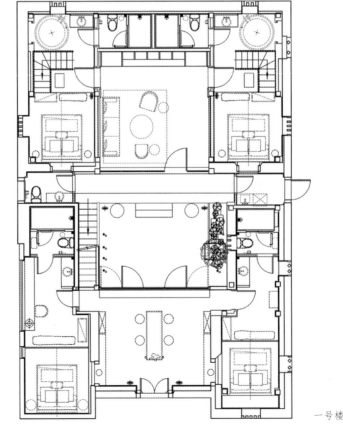

一号楼一层平面图

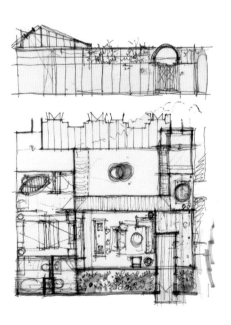

手绘图

二号楼倒塌位置为一进门厅和厨房的前半部，原木屋架已快倒塌，还有一个未倒的大门，中间两处厢房也已倒塌，设计师在一进门厅和右厢房直接套入钢结构，来支撑原有屋面木构体系，立面采用大面积的落地窗来满足室内空间对于光线品质的需求。古朴厚重的屋顶与通透的玻璃形成鲜明的对比，让传统质朴的大厝聚落有了更轻巧的表达。三号楼建筑以条石和大板石砌筑，暂未发生坍塌，经专业机构评估符合现行国家标准的可靠性要求，以免后患仍需加固修缮，于是采用内套钢结构手法做局部处理和修复。在室内设计方面，设计师以中国传统营造法式材料在当代设计的现代演绎为核心，从木作、石作、瓷作三个方向，进行三座几百年古建的内部设计。

长久以来，木材作为一种来源广泛的可再生材料，贯穿了人类建造的整个历史。在厢语香苑民宿内，木材成为空间内应用最为广泛的材料，用于家具、地板、装置等多种呈现，体现出木材极强的可塑性与艺术感，也体现出设计师的可持续性设计理念。而石材作为一种天然的建造素材，具有坚固、有机、自然等特质，通过对石材的重新设计运用，烘托了厢语香苑民宿的整体空间氛围。瓷是整个空间中最为低调的素材，用现代的形态隐匿于空间之中，表达对百年古建的尊重。无论是建筑还是室内，设计师以有悠久历史的传统古建为设计重点，通过修、补、添的方式进行现代化转译，对闽南文化与闽南传统民居进行编辑。让当地居民与外来游客感受注入当代可持续性的设计理念带来的灵动变化，进一步了解闽南文化。

少年不知乡愁意，再归已是愁乡人。设计师从小在闽南长大，空间以闽南民谣"时间是抓不回来的，回忆不回去"作为设计主线，通过与时空对话形成的建筑空间来表达思乡之情。

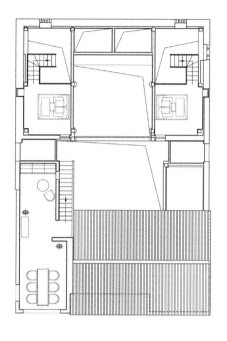

一号楼二层平面图

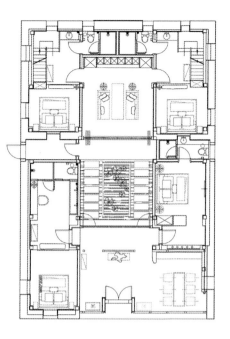

二号楼一层平面图

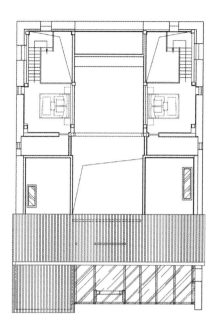

二号楼二层平面图

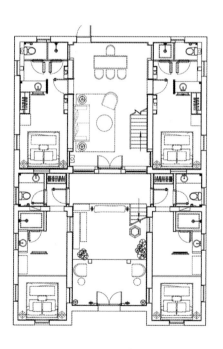

三号楼一层平面图

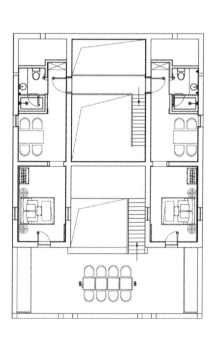

三号楼二层平面图

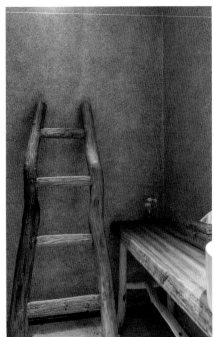

黄志勇

毕业于中国美术学院，担任
中国美术学院风景建筑设计
研究总院有限公司第四综合
院室内总工。

我对民宿的设计奉行生活至上、生态先行的理念。整体内外
塑造更讲究建筑与环境的融合、空间与自然的关系，注重当
代、人文、艺术的结合。这几者间的平衡与取舍往往是设计
难点，让其相辅相成却能有出其不意的效果，可以让民宿建
筑在当今社会更具有活力。

民宿信息

地址：福建省厦门市翔安区新店镇大宅村 144-2 号
电话：13313846191

南岔湾·石屋部落

石屋部落位于湖北宜昌南岔湾村，整个村落由两条水系环绕，半环形山地将农田围合而成，山体大部分为自然原石，项目房子全由当地石料砌筑而成。村民们祖祖辈辈居住于此，人与自然保持着最原始的相处状态。建筑源于当地的民俗传承与传统石墙的砌筑方式，因地制宜，因势利导，顺应当下的生活方式。

石屋部落的主人是村落里的兄弟俩，内部是木结构加土砖砌筑，外部由小石块堆砌而成，肌理混乱，工艺粗糙，房子年久失修，已支撑不了石墙的重量。为了保留石墙的肌理，设计师在石墙上开启大面积玻璃窗，进行适当的拆除反砌。两栋石屋中间嵌入一个钢结构玻璃体作为入口前厅与天井，后方增加一把楼梯至二层，保留石墙内外的一体化设计方式。

一层分别设有西式和中式两个公共空间。西式的咖啡厅和围合式壁炉，满足客人谈天说地、畅聊人生的需求。中式空间配有传统的书、香、茶、画，以及一个餐厅，以满足不同住客的生活情趣。

二层由四间客房组成，三间大客房加一间亲子房，户型的多样性，让客人的体验更丰富。对原有木材进行再次利用，结合石墙与钢材，刚柔并济。内外空间的塑造更讲究建筑与环境的整体性融合，以窗为画框，以景为画境，梳理物理空间与自然意境的关系。

石屋部落在保留原始风貌的同时，不同于以往封闭的古村落，这里拥有卫生的饮水、电力和通信，以及便利的交通。从一个落后贫困的村落转变成现代的自然生态旅游空间，促进了当地的经济发展。

山水田园，古村石屋。依稀记得巴东人毛老师的山歌，清亮悠扬，听之不厌。石屋部落更想表达一种画境，畅想自然与人的融合。

设计单位：
中国美术学院风景建筑设计
研究总院有限公司

设计：
黄志勇

建筑设计：
郑若侃、赖寒、黄晓峰、胡鹭翔

室内设计：
黄晓峰、梁章孟、张至祥

景观设计：
郑若侃、洪雪峰、胡鹭翔、
谢淇名、黄笑梅

软装设计：
林永锋

面积：
900 平方米

摄影：
奥观建筑视觉

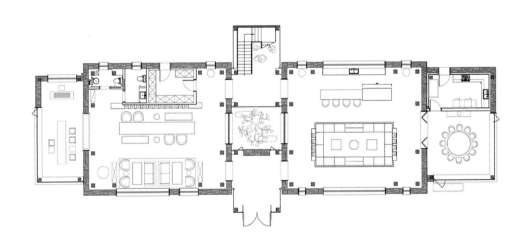

一层平面图

立面图 1∶100

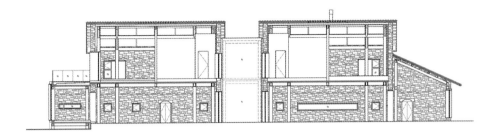

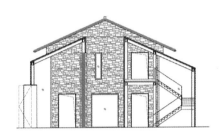

剖面图 1：100

黄志勇

毕业于中国美术学院，担任
中国美术学院风景建筑设计
研究总院第四综合院室内总
工。

我一直致力于研究空间与人之间的共鸣，敬畏传承的同时又
不拘于传统。民宿本身便具有一种特殊的传承，以往人们的
生活气息仍留存在建筑之中，粗糙肌理表面下蕴含着当地文
化的脉络。如何去保留这种独特的气质，是民宿不同于其他
建筑设计的地方，更多的应当是留存，而不是塑造。

民宿信息

地址：湖北省宜昌市夷陵区分乡镇南岔湾村
电话：18372330555

松阳·桃野

桃野所在的浙江松阳县松庄村，是一处非常静谧的小山村——群山环抱，树木葱茏，透迤的石板小道串起一片片黄泥房子，一条清澈的溪流穿过村子，带来氤氲水汽和欢快的游鱼。流水声、鸟鸣声和溪畔浣衣声，以及休憩时人的交谈声，大概是这里日常大部分的声音了。

设计师从守护这份静谧出发，改造手法很克制。在加载必要的空间功能之外，抑制住加入更多复杂元素表现自我的冲动，保留建筑原有的夯土墙、木结构、小黑瓦。改造后的建筑安静地隐匿于村子和山林中，从外观上看，粗朴和细腻、天然和人工的结合恰到好处，呈现一种令人安心的平衡美感。有了桃野之后的松庄村，古老和现代似乎正在展开一场意义深刻的对话，不大声，却很动人。

桃野的主人孙女士是一位土生土长的上海人，基因里充满十里洋场的小资情调。她希望将上海都市的生活方式嵌入这古朴偏远的老村当中，让其成为一处与世隔绝却又时尚摩登的"别处生活"。为了顺应这种诉求，设计师在内装处理上采用干净极简的白色墙面和水泥抛光地面，老房子的陈旧压抑被打破，取而代之的是一种属于当下时代的明亮通透。这种粗朴的建筑外观与精致的内里空间形成强烈的反差，既不忘本，也不屈于怀旧，既吸收传统建筑中动人的元素，也向人们展示一种恰当地将地域特色带入全球未来化的设计手法。

桃野一共有11栋老房，在空间布局上，设计师采用"聚—散"两种方式。位于村落中间、紧靠溪边相对集中的4栋，被规划成公共空间，"聚"将接待、餐厅、书吧、艺术展厅、手工坊打造成以溪谷石桥为中心的组团，方便开展各种类型的活动，也容易让客人与村民之间形成更多的互动和接触。"散"将住宿分散在溪谷、茶田、竹林3个不同区域，一共设计18间不同尺度的客房和套院。客人们沿着石板小道，穿过村子，与路边面容慈祥的老人们相互问候，逗一逗蹿出来的鸡、鸭、狗，路过茶田，穿入竹林，抵达温馨舒适的房间，在此过程中体验一回做村民的感觉——设计师通过这样的安排，将现代人带入出城、忘城的理想生活场景中。

设计单位：
晓辉设计工作室

设计：
吕晓辉

参与设计：
陈有坤、樊凡磊、张盈盈

主要材料：
旧木、当地毛石、夯土、抛光水泥、水洗石、细钢

面积：
2000 平方米

摄影：
格雷姆·肯尼迪

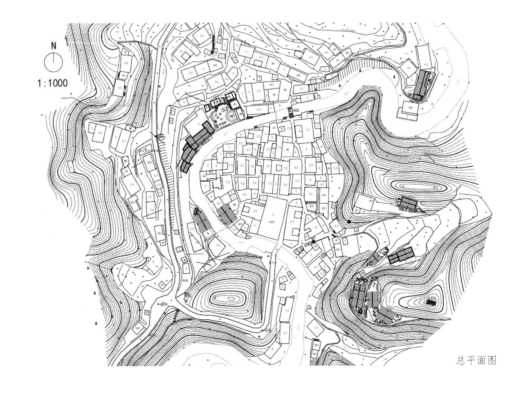

总平面图

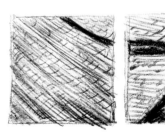

手绘图

改造前

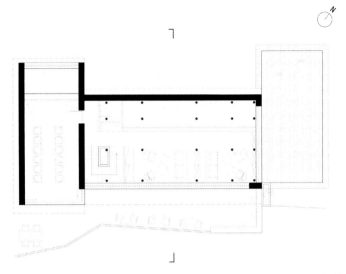

平面图

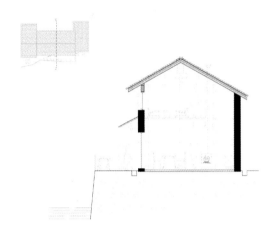

剖面图

Ⓐ

Ⓑ

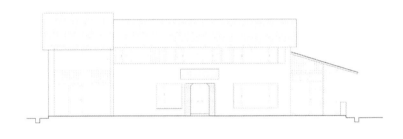

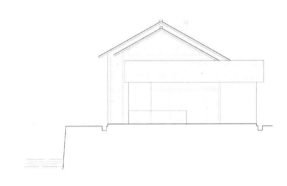

立面图

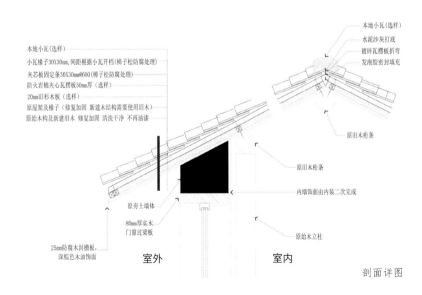

本地小瓦(选样)
小瓦椽子30X30mm,间距根据小瓦开档(樟子松防腐处理)
夹芯板固定条30X30mm@600(樟子松防腐处理)
防火岩棉夹心瓦楞板50mm厚(选样)
20mm旧杉木板(选样)
原屋架及椽子(修复加固 新建木结构需要使用旧木)
原始木构及新建旧木 修复加固 清洗干净 不再油漆

本地小瓦(选样)
水泥沙灰打底
镀锌瓦楞板折弯
发泡胶密封填充

原旧木桁条

原旧木桁条

内墙饰面由内装二次完成

原始木立柱

原夯土墙体

80mm厚实木
门窗过梁板

25mm防腐木封檐板,
深棕色木油饰面

室外   室内

剖面详图

一号建筑

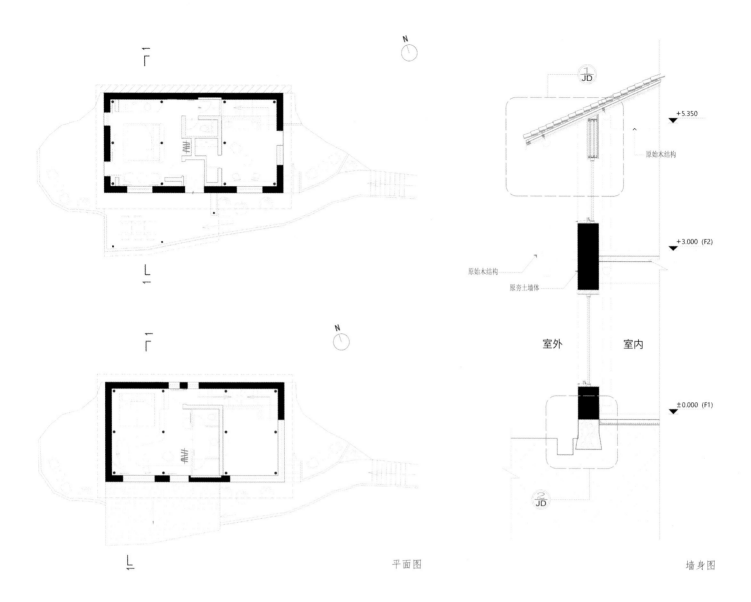

N

N

+5.350

原始木结构

+3.000 (F2)

原始木结构

原夯土墙体

室外　室内

±0.000 (F1)

平面图　　　　　　　　　　墙身图

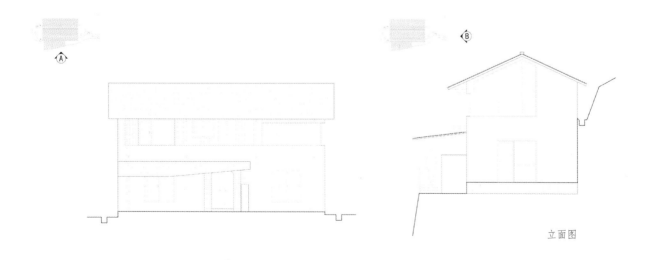

立面图

十号建筑

吕晓辉

晓辉设计工作室创始人，中
国环保建筑师，浙江省缙云
县人。早年在杭州从事绘画、
中国传统家具修复和收藏工
作，2007 年进入乡村建筑设
计领域。

从过去十多年的度假酒店和民宿设计中我体会到，作品不应
该只是设计师单方面的自我表达，而应该与地域文化、时代
特点、使用者需求和项目品牌精神形成呼应。我始终认为与
环境友好的设计才是最好的设计，而这个环境包含以上这些
要素。

民宿信息

地址：浙江省丽水市松阳县松庄村
电话：13916369679

耀南·草宿崇民家

草宿一贯以来追求山野气息，力求保持房屋和村庄的原有面貌，还原真实的乡村生活。一期以石头为主题，保留原生态的石头屋。二期在此基础上，融入更多精致与舒适的元素，色调更为明亮，每一处细节更为柔和，体现出轻微的侘寂之美。

草宿崇民家一共两层楼。按村民日常使用习惯，将一楼打造为一家人共同使用的客厅、餐厅和厨房。客厅采取别有特色的下沉式设计，人们一进屋子不自觉地就会踢掉拖鞋，窝进舒服的沙发里，看书、听音乐、唠家常，水磨石座位上铺着厚厚的软垫，舒服惬意。抬起头，顶部的灯罩是特意从巴厘岛淘来的渔网，肚子大、口子小，在此用来当作灯罩，别有一番风味。客厅保留祖屋原有的灶台，放把竹椅，就可以像老底子那样给灶台添把火。灶台边是一张农村里最常见的四方桌，搭配几把木椅木凳，轻松得就像在邻居家。客厅的墙体腰线以下平整刷白，导上圆角，干净整洁方便打理，带来柔和的气息。腰线以上的石头，去除尖锐的部分，嵌入水泥，同样做柔化处理，整个家立马变得温暖起来。

祖屋里的栋梁虽然弯曲而拙，却自有它的美，在岁月的使用中被抚摸得平滑而有光泽，统统保留下来，在时光的流淌中依旧可靠地支撑着房屋。

卧室内保留了拙而美的木梁与木柱，辅以舒适的尺度空间和现代设施，床品一如既往选用草宿的草木染系列。独立而私密的空间，非常适合小范围的朋友和家庭聚会。厨房区域分为内外两间。内厨各项设备一应俱全，便于中餐的煎炒烹炸；外厨更趋向于西厨，有开敞式操作台和清洗池，边上的横梁上随意悬挂着日常农居生活使用的篮筐、纱布、竹篓，既实用，又方便装饰。

室内楼梯则多了些雅致，略带圆润的扶手，搭配白色墙体和水磨石台阶，光脚都能感觉到材质的细腻和清爽。上至二楼，墙边的小台子上看似不经意，实则悉心摆设了农居日常使用的桌椅板凳和水缸瓦罐，随手插上山里现摘的绿植，生机盎然。

在现代生活中，每个人都希望能脱离都市的烦躁，躲入隐世的山野，却又无法割舍对舒适的依赖。草宿崇民家，努力揣摩这个平衡点，既拥有乡野的气息，又用心营造细节，让每个到来的客人都能在自然深处放松地体验现代农村生活。

设计单位：
杭州观堂设计

设计：
张健

主要材料：
石材、水磨石、木

面积：
300 平方米

施工：
晖哥和他的搭档们

摄影：
Wen Studio 汤汤

0　5　10　　20m

院落区位图

改造前

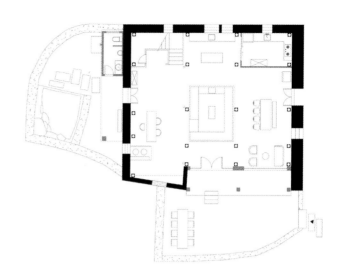

一层平面图

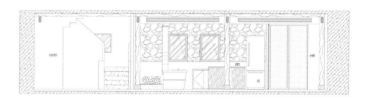

大厅立面图

7号楼一层平面图

7号楼二层平面图

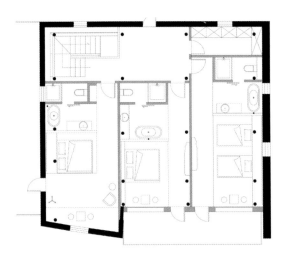

二层平面图

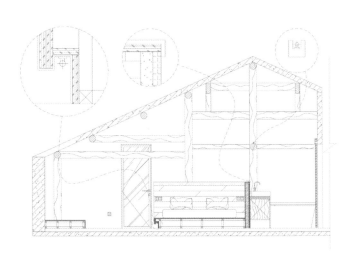

大床房立面图

张健

杭州观堂设计室内设计总监。坚持"每一个项目都是一件作品"的理念，用心投入，追求创意与环保，坚持创新，坚持重复再利用，以循环的概念贯穿设计，力求以平实的手法展现空间特点，以细节打动终端。

收到水草发来的消息："草宿崇民家可以试住啦。"忽而惊觉，从立项至今，又是两三年过去了。

江浙一带的民宿从七八年前开始蓬勃发展，经历了一拥而上与疯狂众筹后，继而出现过度饱和、陆续转让的情况，逐渐从狂热降温到理智。经历一轮洗牌，民宿市场渐渐回归理性，不同的经营方向和思路，形成各具特色的民宿产品。一类是多个品牌抱团联合做宿集，一类是发展为文创产业，开发周边产品，一类是以家庭为单位坚守一方，深挖自身特色，草宿应该属于第三类。

草宿一期改造的是村民崇智的家。当年，村民们看着水草和晖哥两个外来人居然落根耀南村，投钱又投力来改造别人家几欲坍塌的石头屋，都觉得不可思议。而几年下来，石头屋不但阻挡了废弃的趋势，还经营得有声有色，重新焕发出生机与活力。在这几年里，水草与晖哥每日在鸡鸣狗叫中起床，在炊烟袅袅中生活，从陌生到熟悉，村民们的将信将疑变成了友好与信任。

2018 年，草宿一期运营两年整，水草和晖哥准备开启第二轮改造计划。亲眼目睹崇智家新生的村民们对二期充满了期待。崇民大叔很主动地把自己的房子托付给水草和晖哥。在原本的计划中，这栋房子取名"草宿二期"，奈何村民们早已习惯称呼他为"崇民家"，于是索性就喊成了"草宿崇民家"。

民宿信息

地址：云南省玉溪市新平彝族傣族自治县戛洒镇耀南村朱家寨 3 号
电话：13577100913

岔里·窑遥小院

归梦，重构乡情。

岔里是三门峡市陕州区的一个千年古村，也是典型的"空心村"，这里有中国最古老的居住建筑形式——窑洞，同时也有中国优质的天然温泉。目前大部分窑洞都已废弃，但是这个遗留的传统居住空间真的没用了吗？设计师改造此空间的目的不仅在于恢复空间的使用功能，也希望能够给村里带来新的财富增长点，更希望让整日生活在钢筋混凝土丛林里的人们重构乡情。

现代建筑应该与历史建筑保持相对的距离，而不是简单的你中有我、我中有你，抑或是修旧如旧。应该让古今、新旧产生对话，不同历史时期有不一样的内涵，但血脉相承，语言相同。设计师打破原有的传统窑洞院子制式，融入现代生活方式，将一进院改为二进院，曲径通幽，步步有景。从建筑形式上进行思考，例如天窗采光的应用，玻璃砖墙遮屏的使用，四合院院墙的压低等手法实现空间改造。空间中有新建筑与旧建筑的对比、各种材质的对比、生活方式的对比、色彩的对比等，在对比中产生思考。

当代人有当代人的生活方式，新技术的使用要满足当下乃至未来的生活需求。新风系统、除湿系统、地暖系统等，解决原始窑洞的不通风、潮湿等问题。新的卫浴空间解决窑洞内不能如厕的问题等。新的门窗技术解决采光、冬天凝水等多种问题。新的灯光技术智能化控制系统点线面的结合，有效地解决窑洞特殊空间的照明问题。最重要的是新的夯土技术不仅解决原有建筑的剥落问题，更为新建筑外立面提供可能性。

建筑空间的困难点在于打破固有的思维模式，创新不等于破坏，尊重不等于固守，如何使现代与传统相得益彰，产生对话，让所有人在当代的生活方式下去体验美好、恬静、触景生情，感怀历史，才是设计的初衷。

设计单位：
河南鼎合建筑装饰设计工程有限公司

设计：
孙华锋

参与设计：
刘世尧、付静、崔婧映、赵鹏越

软装设计：
大镜设计

主要材料：
夯土、微水泥、艺术涂料、玻璃砖、耐候钢板

面积：
220 平方米

摄影：
孙华锋

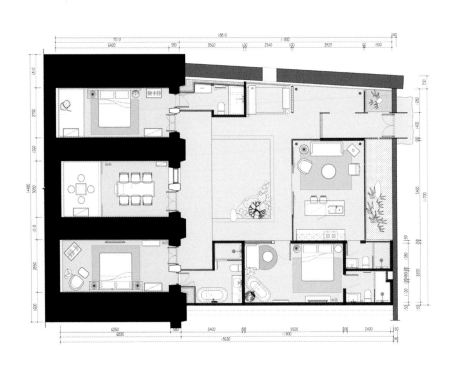

平面图

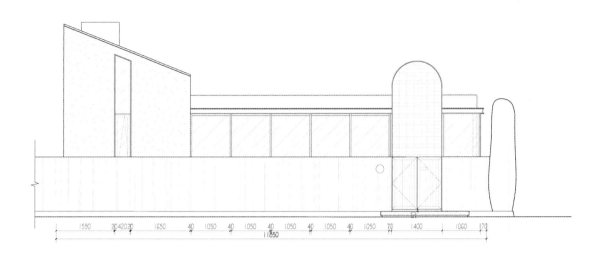

1590 | 204 20 20 | 1650 | 40 | 1050 | 40 | 1050 | 40 | 1050 | 40 | 1050 | 70 | 1400 | 1060 | 170
11850

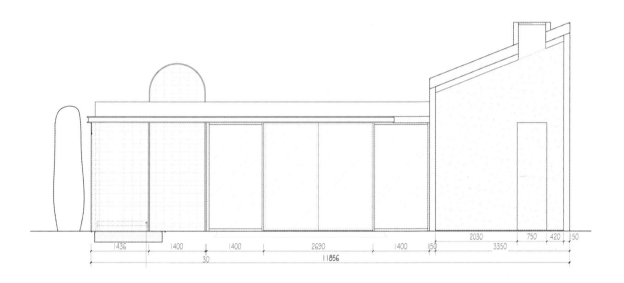

1436 | 1400 | 1400 | 2690 | 1400 | 150 | 2030 | 3350 | 750 | 420 | 150
30
11856

立面图

孙华锋

中国建筑学会专家库专家，
东方卫视《梦想改造家》特
邀设计师，中国建筑学会室
内设计分会副理事长，河南
鼎合建筑装饰设计工程有限
公司首席设计总监，美国室
内设计名人堂成员，洛阳理
工学院客座教授，郑州轻工
业大学、河南工业大学硕士
生导师。

如今都市里的人大多是没有故土的人，自小辗转于城市深处，
儿时的玩伴也早随着一次次搬家而离散。人们的世界由混凝
土楼房和柏油马路组成，既没有草庐泥舍、沃野青山，也没
有笑靥乡音，井台炊烟。那些远离故土的人，大约都在心底
处，自知或不自知地藏着一个故园梦，里面装满了乡情与乡
愁。一时慰藉着漂泊的心灵，一时又催促着归乡的脚步，然
而现实的社会真的回不去、看不见了吗？

民宿信息

地址：河南省三门峡市陕州区原店镇岔里村窑遥小院

昆山·江南半舍

在距离上海、苏州车程一个半小时左右的地方，有一个小村庄：计家墩村。这里曾经是一座典型的江南水乡，随着时代发展，村子人口逐渐减少，空心化愈加严重。于是乡镇政府邀请专业团队，对村子进行了再次开发和改造。为了激发村子活力，计家墩村依托原有乡村风光，引入文化创意产业，吸引了一批城市来的"新村民"，形成了一个新的乡村理想生活社区。

江南半舍民宿，就坐落于此。民宿的位置在村子入口处，基地被一条小河三面环绕，不远处便是农田。

在项目之初，设计师首先思考的是乡村和城市之间关系的新可能。从城市来到乡村的"新村民"，给乡村带来了新的产业和生活方式，增强了乡村和城市间的纽带联系，这也为设计奠定了基调：一半是城市，一半是乡村。

民宿的主人，本身也是本地人，在这里长大。在设计交流的时候，民宿主人提出想给自己预留一片私人空间，希望以后可以回归到这里生活：一半是留给自己的私密住宅，一半是与客人共享的开放空间。这样的民宿，更像是一个开放共享的家。

关于江南半舍，设计师希望建筑是一个从传统水乡肌理中生长出来的，与自然更交融的空间：在满足功能和使用面积的前提下，化整为零，将一个完整的形体拆分成若干小尺度的建筑，通过排列从中建立起新的秩序。错落有序的房子，空间上既独立又相互联系，而建筑间的空隙，让自然得以渗透进室内，模糊内与外的边界。

在总体布局上，设计师用一个连续的大空间，串联起 10 个独立的"盒子"，形成建筑的平面。这些盒子包括有公共功能的餐厅、茶室，供客人居住的客房，以及民宿主人的私人生活空间。在竖向上建筑由一个连续的屋面划分为上下两层，上下空间有着截然不同的体验。

设计单位：
B.L.U.E. 建筑设计事务所

设计：
青山周平、藤井洋子、杨易欣、
曹宇、陈璐

面积：
1800 平方米

主要材料：
（室外）竹钢、白色肌理涂料、
白色亚光金属、镀锌钢板；
（室内）水磨石、水洗石、木饰面、
米白色凹凸肌理涂料

摄影：
夏至

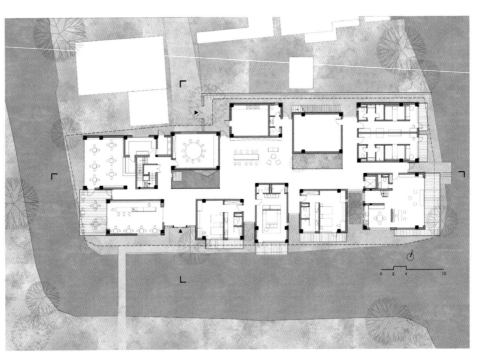

一层平面图

在建筑的一层，客房及主要功能空间沿河面错落布置，确保每个房间都有良好的景观面，同时兼具必要的私密性，一个连续的共享空间组织串联起各个功能房间。这个连续共享空间不仅仅是交通走廊，还可作为展览空间、共享客厅，是一个人与人相遇交流的场所。为了与环境更好地融合，将自然引入室内，在建筑中设置两处天井庭院和可以开启的天窗，既满足室内公共空间采光，又让自然的活力与生趣蔓延进室内。

建筑二层空间更加开放自然。连续的大屋面将 10 栋房子分割出来，错落有序的盒子远远看去好像是一个漂浮的小小村落。屋面上铺满灰白色的石子，一座开放的景观连廊架设于屋面之上，串联起相互独立的房间。每个房间都设有可以走出来的露台，将室内的生活延伸到户外，二层的房间是相互独立的，而视线上又有着彼此的联系。如果把石子比作水面，连廊比作桥，每个房子是一个小家，那这里又何尝不是一个抽象的江南水乡。

在建筑材质的选择上，呼应建筑空间的概念。以连续的大屋面划分，上下两层采用不同的材质。场地三面环水，周边绿植丰富，于是在一层外立面上采用竹钢作为主要材质。竹钢作为自然材料不仅从质感上让建筑与环境更加融合，在触感上也更加柔和有温度，给人一种放松且温暖的感受。同时，竹钢的耐候性也能很好地适应水乡的潮湿。

建筑二层的材质则表现得更为纯粹。墙面采用白色带有肌理的涂料，搭配白色亚光金属屋面，使每个建筑单体看起来简单而干净。银灰色镀锌钢板走廊表面做了乱纹细节处理，大屋面整体铺设灰白混合大颗粒石子，二层空间整体呈现灰白色调，以绿色植物为点缀，塑造出一种静谧的空间感受。

室内公共空间整体以白色简约为主：墙面和天花选用米白色凹凸肌理涂料，地面是白色的水磨石。这样的空间，可以很好地映衬天井庭院所带来的光线变化，同时也可以满足公共空间布展的功能需求。在公共空间开放的区域还设置木制固定家具，配合植物和活动家具，营造出开放的共享客厅空间。

客房有深色及浅色两种色彩搭配。在材质选用上采取相同的逻辑：地面为水磨石，墙面和天花采用带有肌理的涂料。在沙发区、卧室区、书桌区则选用触感更加柔和自然的木饰面材料。淋浴卫生间选用以小颗粒石子为底料的水洗石，不仅增加了空间的肌理质感，还很好地起到了防滑的作用。

在时代发展的今天，乡村的再次开发带给我们更多新的课题和可能。江南半舍，就是带着这样思考的一次尝试。在这里，可以享受安静闲暇的时光，体会江南水乡风情，可以偶遇主人，一同品茶聊天，或遇到更多的朋友，围炉夜话把酒言欢。

江南半舍，不仅仅是一家民宿，更为城市的人们，提供了一个乡村理想生活的新可能。

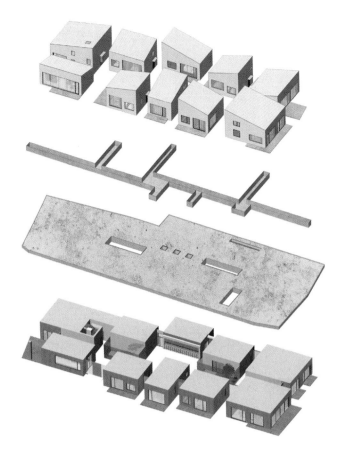

示意图

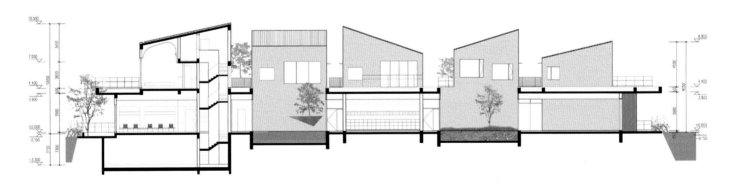

剖面图 1

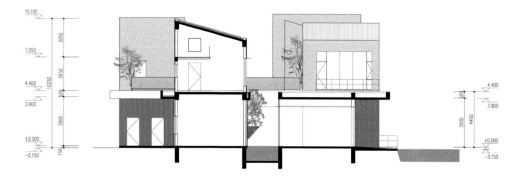

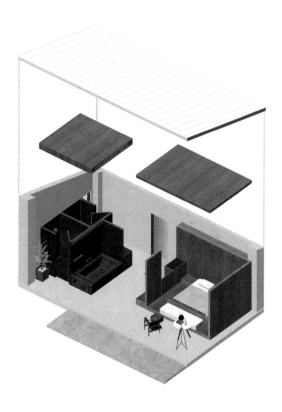

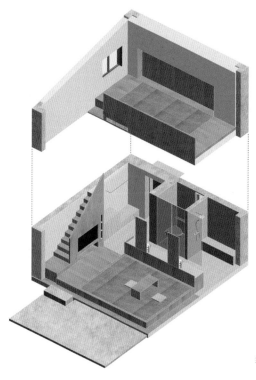

轴测图

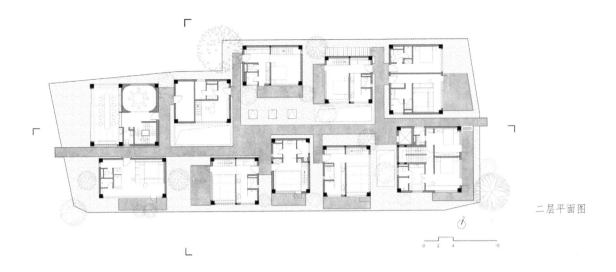

二层平面图

0 2 4   10

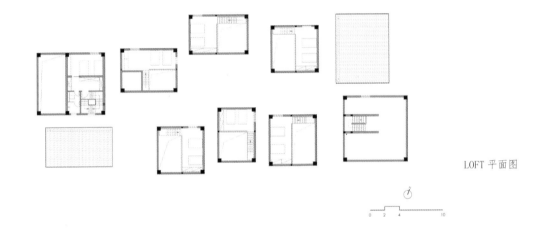

LOFT 平面图

0 2 4   10

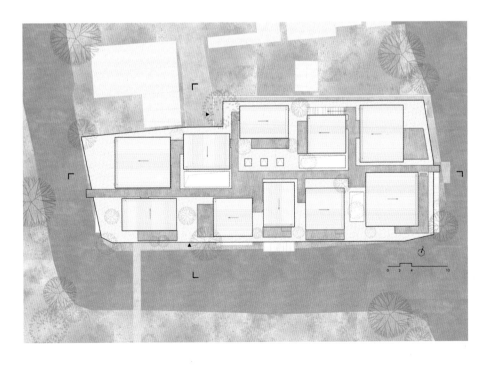

屋顶平面图

青山周平

B.L.U.E. 建筑设计事务所创始人、主持建筑师。清华大学建筑学院博士生，北方工业大学讲师。

吴春鸣

江南半舍创办人,媒体人,江南半舍是他回乡的作品。他认为，民宿是主人的又一个家，但住的是江湖上的客，来自江湖，总带着些尘土倦容，所以居住的温暖舒适就该是民宿的核心。

民宿信息

地址：江苏省昆山市锦溪镇计家墩路 1 号
电话：0512-36829088

半与舍的实践

起初对半舍的想象，仿佛是对腹中孩子有着无数的期盼。我对设计的诉求是"现代、轻奢、文艺、温暖"以及江南的属性，有着非内非外空间的变换。一次在读日本建筑师西泽立卫的作品时，看到他在东京森山邸的建筑是非内非外的建筑风格。我想，我的建筑用地非常狭小，但同时我对建筑功能的完整性和景观的一致性都不愿放弃，于是，我就把这个难题交给了设计师青山周平来完成。

建筑设计是抽象的，用概念来设计、创造建筑会提高建筑在人心目中的自由度。一般的度假民宿应该具有整体性或者干脆是独立的群体性建筑，但青山老师在设计时注意了建筑方体之间的关系性，他把整个房屋切成 10 块方体，然后将它们用一层楼板连接起来，通过方体产生角度偏移，光线因而洒满全体。切出的 10 块建筑方体通过艺术排列，创造出江南水乡村舍的缩小版景象，这种建筑形态称为群造型。群造型可以让每个单体创造出空间，那些空间所渗透进的自然，都是建筑的一部分。建筑不再是一个封闭的堡垒，而是一个可以呼吸的、舒展的空间系统，所以每个人看江南半舍的建筑都有不一样的想象和感受。

江南半舍建筑下层的色彩是木质的颜色，其实它的材质是竹子，却有着木质般温润与厚重之感，体现了江南半舍的质感。二层采用白色的涂料，体现出轻巧，同时，设计师通过色彩、材质来体现江南半舍中"半"字的含义。建筑一层和二层用两种不同的方式，模糊建筑的内和外，让建筑空间不再是一个封闭的场所，而是可以延展的空间。一层的空间是用连续的公共空间将私密的客房串联起来，运用庭院和四周的落地窗，将自然引入室内。二层空间是相对独立的，就好像江南的水乡，石子是水，连廊是桥，看似独立的小房子，又有着视线上的联通。二层的室外平台由于建筑的围合和视线的联通，形成一种延伸的空间场所，有一种身处在建筑"内部"的感受。

庭院是建筑的趣味所在，江南半舍占地不足 2000 平方米，建筑几乎覆盖了全部的土地。进入建筑，它不沉闷、不封闭、不厚重，设计师从一开始就在挑战是否能将整个建筑处理成具有庭院般的视觉。首先将所有的房间都设计成带有大落地门窗的，其次公共空间原先是围合的，但设计师加入了三个天井、三个天窗，使室内切分得非常有趣味，还有二层部分缩小了建筑的比例，使建筑更灵动。可以这么说，在江南半舍中，不论从哪个角度都能看到非常美的景象。

保留好原生树是青山老师一开始就设想到的，保留是对原有生态的尊重，同时也可以增加建筑与自然生态的快速融合，使建筑更有魅力。在二层建筑中间增加了很多松树，那是为了凸显建筑的白墙，使二层的平面在寂静中有生动，当然选择树型是磨人的过程，其实任何一件优秀作品都需要用一种匠人精神去实现。希望我的江南半舍给到您焕然一新的体验。

北京·屳林密境

拱院：长城内外

长城烽燧，拱形的窗，曾是瞭望的哨口，如今，却是人眼里的取景框。被"拱"筑的白色城堡，正在长城脚下静伫不言。晚霞流云，蓝天山峦，在拱起的穹宇之间，长城内外，皆为风景。

站在院内，山上长城烽火台的轮廓清晰可见。设计师将传统围合式院落整理演化，结合长城拱形元素，使建筑立面形成秩序化的机制关系。屋顶围合成圆形的框景，掩映山峦间蜿蜒的长城，结合庭院中心太极造型的禅意水滴雕塑，诠释天圆地方、道法自然的精神意境。

蝶院：破茧成蝶

伸展的翼，倒映山居的前世今生。木椽砖瓦，天空草木，重获新生的院落和山野一起苏醒，是破茧成蝶后的新姿态。

院落场景犹如一场人造新陈代谢，西边的破败废墟与北边的既存建筑有着不同时期的沉淀。设计师保留西边已然废弃的房屋作为展示，同时修葺北边的建筑作为客房，在东边筑就一个全新极简的白色空间作为客厅，让三者完美构建出一幅历史的画卷。在东西两边加入镜面三角几何造型，将蝴蝶翅膀作为一种抽象赋形，当作表现核心意义的载体。

设计单位：
北京无隐建筑

设计：
李帅、黄涛

主要材料：
树脂漆、微水泥、
镜面不锈钢、水晶砖

面积：
1800 平方米

摄影：
李双喜

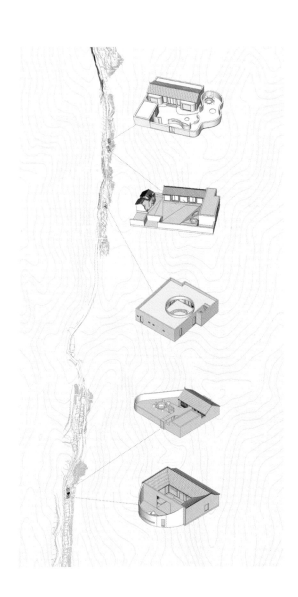

院落分布图

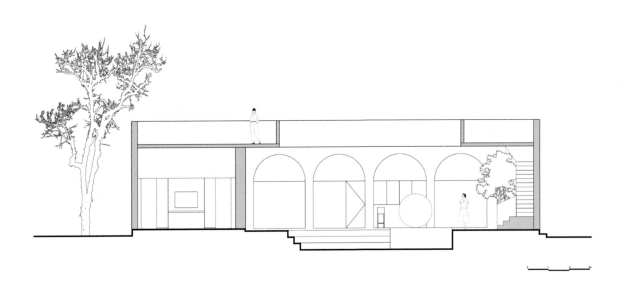

拱院立面图

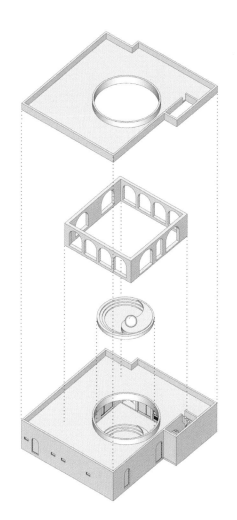

拱院分析图

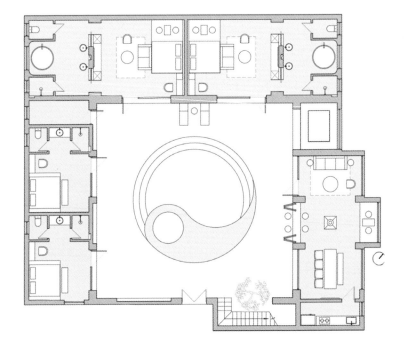

拱院平面图

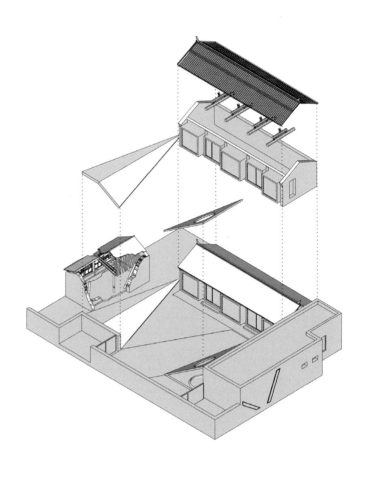

蝶院分析图

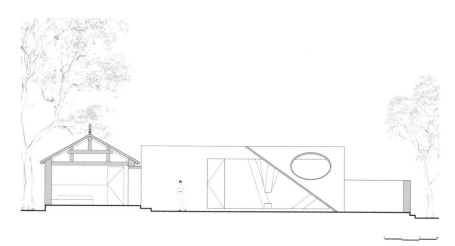

蝶院立面图

蝶院平面图

曲院：曲径通幽

山林之下，曲径通幽；丽日蓝天，素色亭院。生活清清浅浅，也如这般，往复回旋。

侘寂是东方美学衍生出的一种艺术表现，它的盛行充分体现出现代人在极度工业化社会，想要迫切回归自然的愿景。设计团队在空间陈设上沿用侘寂美学风格的家具配饰：如从废弃房屋中拾遗的旧缸、山中发现的蛇皮、房屋拆下的老砖……这些随环境滋养的纪念物都被设计师运用在空间，经过岁月的磨洗，逐渐与场地发生千丝万缕的联系。

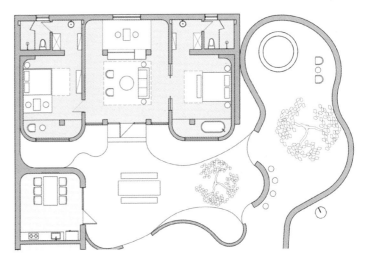

曲院平面图

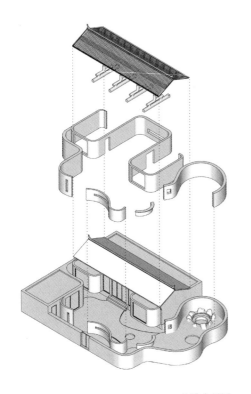

曲院分析图

曲院立面图

廊院：环廊游园

一条白色长廊，将宅与院相连成园。白色长柱，是园子里高擎的森林，当云朵低垂，掠过"小森林"，此时，请期待即将上演的一场关于环廊游园的惬意人生。

廊院留存了较为完整的原建筑风貌，那些极具地域性的木质窗格以及木结构，都彰显了乡土建筑的艺术美感，所以在设计中不遗余力地维持了建筑的原态。在设计上为了实现室内的通透性，部分立面运用透明的玻璃砖介质替换原墙体灰砖，白色长廊将一个院落切分成四个区域，小中见大，仿佛畅游在白桦森林中。

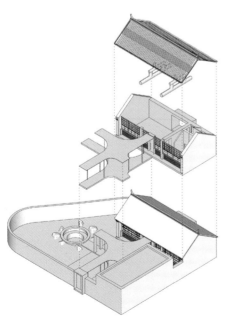

廊院分析图

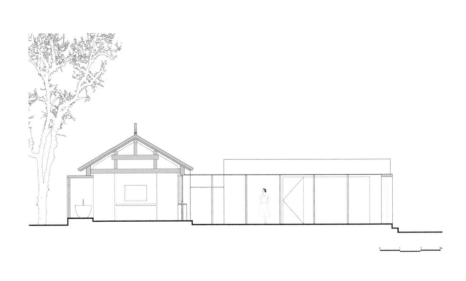

廊院立面图

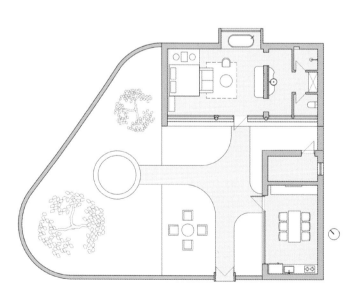

廊院平面图

镜院：方圆之间

镜框小院，方圆之间。方，是中式庭院沉稳之美；圆，是山野自然生生不息的流转。四季流转的云朵与光阴，跌落在方圆之间。

镜面反射将真实物质世界投影到虚化印象中，将两个不同形态的体量通过镜面连接。一面是方形传统坡屋顶建筑，另一面是极简的白色半圆形围墙，中间的镜面让其体量形成对称式的延伸。设计让建筑通过反射的投影达到自身的"完形"，时尚的院落配以中式传统桌椅仿佛是一场无声的对话。

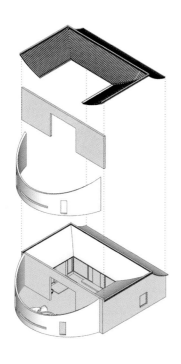

镜院分析图

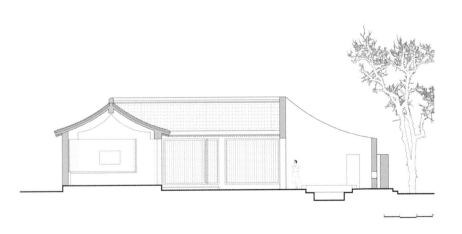

镜院立面图

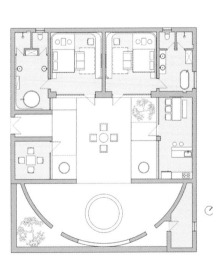

镜院平面图

李 帅

北京无隐建筑创始人、主案设计师。团队坚持不断探索并尝试运用新的理念让设计更融合于自然场域，创造属于项目自身特有的设计语言与空间逻辑，让人在环境中得到更深远的精神共鸣与更舒适的空间体验。

院子处在村落中不同的位置，场域的环境也大相径庭，为了让每个院落中的建筑更加融入所处的环境或者跟其发生趣味性的关联，其概念也自然而然地产生了差异性。在材料的选择上我希望和乡土更加接近，所以选用了黄泥涂料和微水泥等较为自然的材料，也是为了去除人工化，增加建筑的自然性。老建筑改造的复杂性比新建筑还要多，因为本身村落的建筑就有着差异化，所以就要面临不同风格、不同时期的建筑改造问题。

民宿信息

地址：北京市密云区冯家峪镇西白莲峪村
电话：15711051999

在山野中，回应生活的初心。一方天地，快慢有度，动静皆然。方知，有舍方有得。

听说那里有光。有光的地方就会有故事，而很多故事来自山里、田野、树林，如果你驻足停留，它会找到你，给你温暖和光明。这束光居翠林之间，伴田野清风，来到这里，你只需放空自己，慢下来生活。

慢方舍坐落在有着以滑梯为主题的乐清铁定溜溜乐园中。项目围绕现代农业观光创新，结合美学、文化、在地等元素，将现代设计融于乡野意趣中。设计师从商业运营角度满足不同房型的规划要求。每间客房有大面积落地窗，最大限度引入自然采光，保证室内空间的通透。山野风光融于室内，年岁光景在窗影之间，人们通过日出与日落的余晖，感受四季的更替。

这里沐浴在时间的光泽下，有着简洁安静氛围下的质朴之美。

设计单位：
杭州慢珊瑚文旅规划设计有限公司

设计：
徐晶磊

参与设计：
齐俊师、陈锦辉、张弛、
胡蝶、章可楠、苏炳建

软装设计：
胡佳

业主单位：
乐清慢方适文化旅游有限公司 |
方玉友、杨丙军、蒋正剑

主要材料：
无机磨石、老木板、艺术涂料

面积：
3200 平方米

摄影：
瀚默视觉 | 叶松

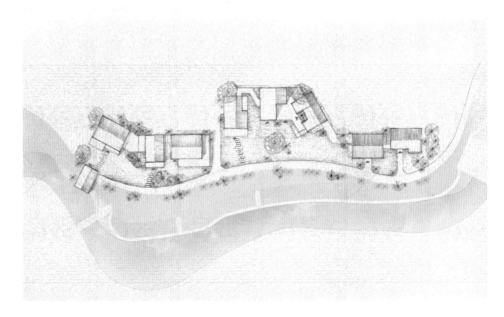

总平面图

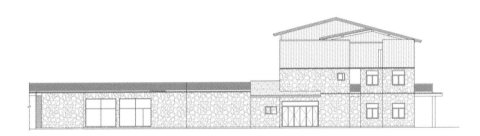

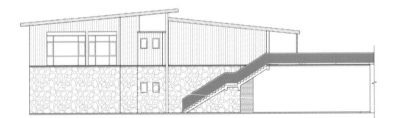

立面图

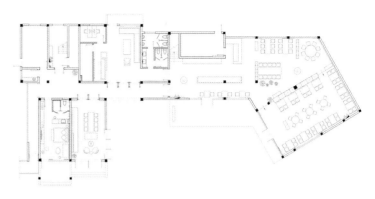

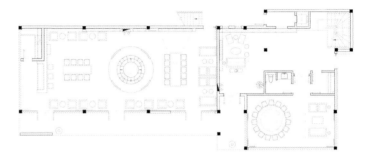

平面图

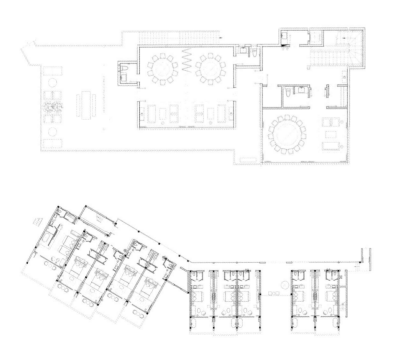

平面图

徐晶磊

中国美术学院风景建筑设计
研究院建筑集成中心设计总
监，国际建筑装饰设计协会
认证设计师，2019 年 WAD
世界青年设计师年度人物、
杰出设计师。

这是我扎根乡村的第五年，慢方舍民宿构筑了我对童年时记
忆里的乡村，是纯粹的、简单的、质朴的。乡村是城市的起
源，也是我们民族的文化根基，在过去更多人从农村辗转到
城市，为生存奔波于车水马龙间，但每一个人的内心深处都
是柔软的，藏着最初的本真。我希望通过自身的思维和状态、
多元与包容，对传统文化和材质进行当代演绎，重塑乡村美
学，让更多的人回到乡村，热爱乡村，构建乡村。

徐晶磊
Xu jing lei.

民宿信息

地址：浙江省乐清市大荆镇下山头村铁定溜溜乐园内
电话：0577-57118088/8077

中卫·大乐之野

200多年以来，黄河一直是宁夏中卫大湾村这座古村落生命力的供给以及文脉交织的见证。在历史长河中不仅是边关天堑，同时也是连接西域文化和经济的通路，有黄河与沙漠相结合的稀有景观资源。项目位于黄河岸旁，设计团队拒绝打造一个野心勃勃的地标式建筑，而是希望将建筑隐匿于自然，用谦和与敬畏实现建筑和自然的平衡。

大乐之野在这里规划了15间客房，把遥望黄河、果林作为每间客房的特定条件。设计团队需要在每个不同的环境中挖掘空间的性格，不限定房型，试验不同的模型、尺度和材质，重新审视人与自然的关系。

位于东经105° 19'，北纬37° 50'的大湾村，冬季极寒温度可达零下20℃。因此除景观面为大尺度落地窗，其他立面则遵循当地建筑原则，尽量控制开窗尺度。设计以此重新审视窗洞、光、空间和人的关系，引发对空间意识场景化表达的探索。

建筑基本遵循当地民居风貌，平屋、露台、院落、苇杆檐廊，将户内活动的更多可能性延伸至户外。外墙运用水泥砂浆抹泥的特殊工艺还原当地夯土墙的建筑肌理，从而创造似久经风雨日照后，接近却不会崩坏的"旧"。

在室内空间的设计中充分地考虑光的作用，光即阴影。当室内极简的装饰和色彩都匿于空间的厚重之中，只有光和阴影在墙壁和地面交织，构筑出光与场所的精神性，激发出人们强烈的情感共鸣。在亲子房的设计中，设计师认为空间既要满足孩子玩乐的自由度，又要解决成人居住的功能性。于是在夹层中打造一个适宜孩子尺度的娱乐空间，大人进入其中会略感不便，孩子却能在其中感受空间的乐趣。

设计单位：
DAS Lab

设计：
李京泽

参与设计：
谢朕、向国、段晶晶、陆张瑜

业主单位：
宁夏中卫大乐之野酒店管理有限公司

主要材料：
水泥、水磨石（泽弘水磨石）、
木饰面（北冉）、实木板（臻藏古木）

面积：
2000 平方米

摄影：
是然建筑摄影 | 苏圣亮

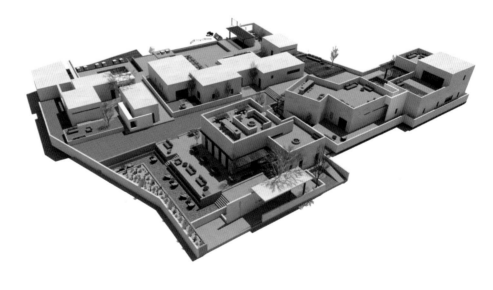

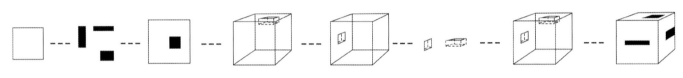

分析图

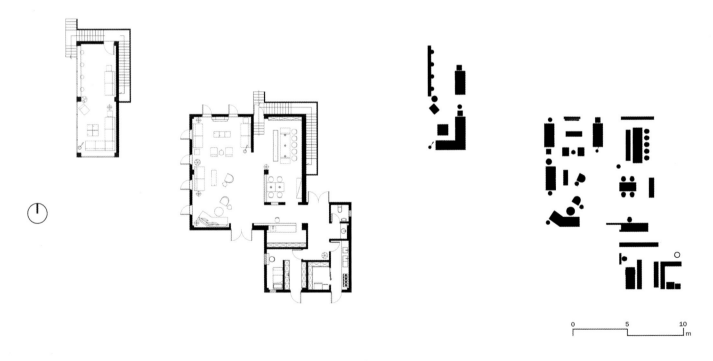

0　　　5　　　10
　　　　　　　m

平面图

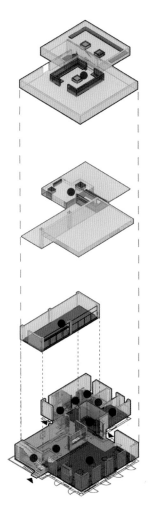

轴测图

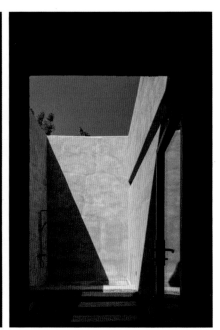

DAS Lab

2017 年设立于上海，是大森设计旗下子品牌，致力在文化、零售、餐饮、酒店等多元业态中探索边缘的、前瞻的创意方案。擅长偏离认知的核心区域，游离于思维的边界，在模糊与不确定中提炼出作品独特的记忆点，积极把控概念推进和落地执行，交付令人难忘的空间体验。

民宿信息

地址：宁夏回族自治区中卫市沙坡头去常乐镇大湾村
电话：15857210919

"大乐之野"缘于《山海经》，意为被世人遗忘的美好之地，在上古传说中是一片极为繁华的广袤地区。业主以"大乐之野"作为名字，是为了让人们在匆忙赶路的过程中，不要遗忘身边美好的地方，停下脚步，更好地体验当地历史文化和风土人情。中卫·大乐之野充分结合人文、自然景观、生态、环境资源、交通地理优势，让民宿不拘泥于呈现完美的住宿方式，而是直抒空间的朴实与粗粝，通过光和阴影的交织，充分构筑光与场所的精神性，以不同的模型、尺度和材质重新审视人与自然的关系，用谦和与敬畏实现建筑和自然的平衡。在本案中，我们充分延展项目文脉，将自然的风貌与韵律引入空间之中，与地域文脉契合，与人文环境合一，让更多的都市人去理解传统，去感受乡村的魅力。

马儿山村·燕儿窝

马儿山村离张家界主城区约 25 分钟车程，相较于张家界景区，这的山不是奇峰，林木却葱茏，加上零星散落于山坡田野间的民居，别有一番野趣。场地上原有两个用来烧烤的木构亭子，被松树、苦莲子树、小竹林、银杏林包围。北面远望可见连续的山景，如卷轴般铺展在视野内。业主本人在马儿山村长大，怀有深厚的感情，希望改造后的民宿可以具备满足回乡居住的舒适条件，又能够不改变原有乡村式的精神寄托之所。

建筑用地由 3 个宅基地组成，地块呈长条状，在东西方向上有将近 3 米的高差。两个宅基地位于西侧，一个宅基地位于东侧下端，刚好就形成了两个主体量，一高一低，一大一小，中间用半通透的楼梯廊道连接两边。场地南高北低，利用原有场地的关系顺势挖了一部分地下空间，作为后勤储藏和设备用房，利用东侧的这部分高差设计一个开放的灰空间，提供半室外的灵活空间。

场地中的水系景观顺着室外台阶逐级流下，形成多个小瀑布水口，构成流水声一直伴随着行走路径的体验。远山近林是场地内最直观的感受，为了不改变原有的场所感，树木被尽可能地保留。建筑被植被包围，人又被建筑包裹，建筑保留了原始的"犹抱琵琶半遮面"的隐秘感的同时，行走在地面层时的体验也变得层次丰富了起来。不同季节林木形态不同，环境的通透性也会变得不同，夏季茂密的叶片与冬季裸露的枝干掩映下建筑的可视度也有所差异。

远山作为关键要素，在空间中希望被以不同的方式观看、感受：在建筑的下部分空间，山体隐隐约约在树干间透出来，人们越往上行走，视野开阔的同时，连续的山屏也逐渐展现。同时通过客房的不同开窗方式，远山被引入的状态也不同：有长条卷轴式，有框景片段式，有连续断框画幅式，对不同的空间尺度和类型进行呼应。场地绝不只是场地本身，周围的树木、相邻的房舍、远处的山屏、一侧的田野、围合的竹林都是场地的组成部分。人融入其中，建筑的空间和视野也围绕其展开。

设计单位：
尌林建筑设计事务所

设计：
陈林

参与设计：
刘东英、时伟权、陈松、
陈伊妮、赵艺炜

业主单位：
张家界美丽乡村旅游开发有限公司

主要材料：
木模混凝土、非洲柚木、毛石墙、
青砖、土砖、小青瓦、水磨石、
水洗石、合成竹

面积：
1200 平方米

摄影：
赵奕龙、吴昂

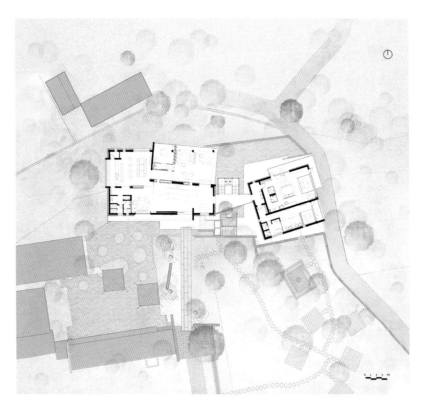

首层平面图

手工模型

北立面图

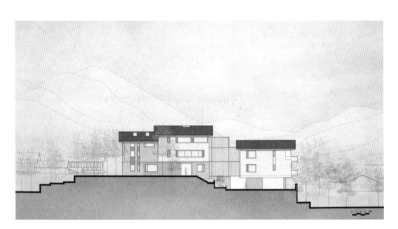

南立面图

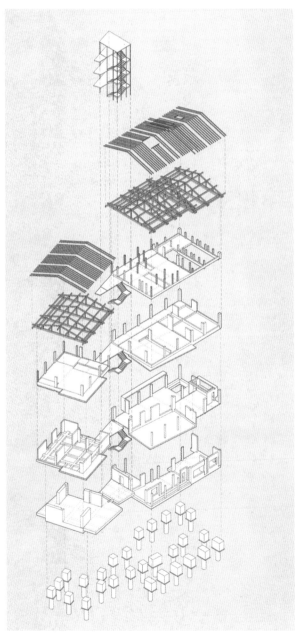

结构拆解图

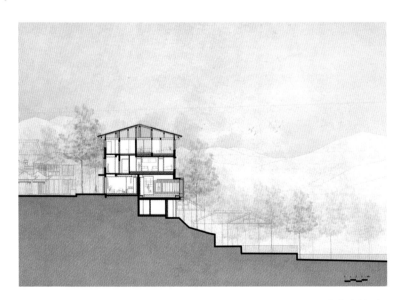

南北向剖面图

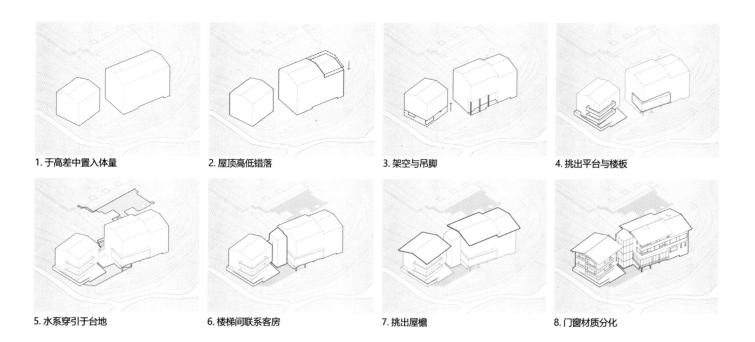

1. 于高差中置入体量

2. 屋顶高低错落

3. 架空与吊脚

4. 挑出平台与楼板

5. 水系穿引于台地

6. 楼梯间联系客房

7. 挑出屋檐

8. 门窗材质分化

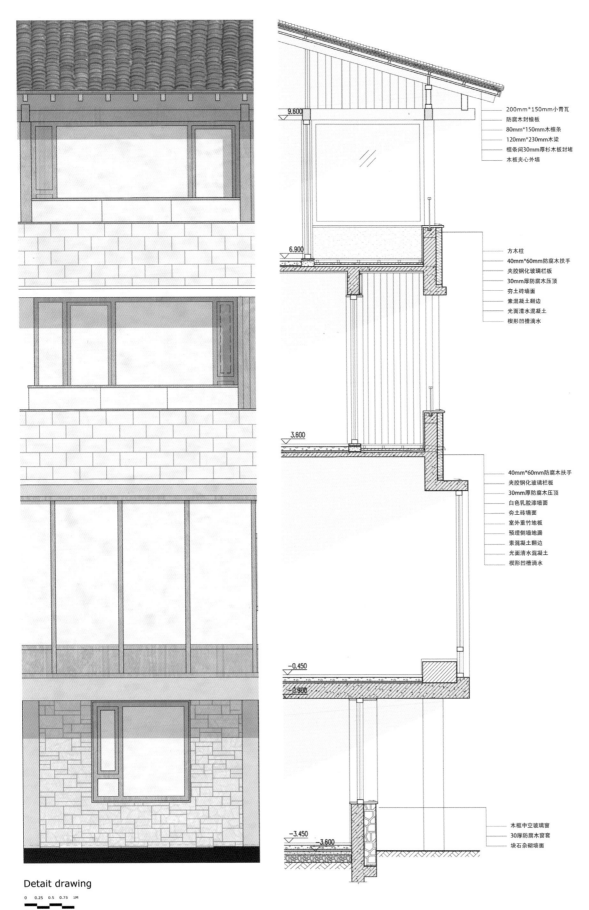

Detait drawing

0 0.25 0.5 0.75 1M

200mm*150mm小青瓦
防腐木封檐板
80mm*150mm木椽条
120mm*230mm木梁
檐条间30mm厚杉木板封堵
木板夹心外墙

方木柱
40mm*60mm防腐木扶手
夹胶钢化玻璃栏板
30mm厚防腐木压顶
夯土砖墙面
素混凝土翻边
光面清水混凝土
楔形凹槽滴水

40mm*60mm防腐木扶手
夹胶钢化玻璃栏板
30mm厚防腐木压顶
白色乳胶漆墙面
夯土砖墙面
室外重竹地板
预埋侧墙地漏
素混凝土翻边
光面清水混凝土
楔形凹槽滴水

木框中空玻璃窗
30厚防腐木窗套
块石杂砌墙面

北立面墙身详图

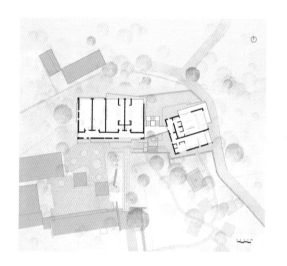

二层平面图

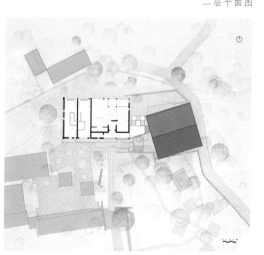

三层平面图

一层接待大厅是一个横向展开相对低矮的空间，压缩视觉和体感。右行下几步台阶进入下沉的休闲区域，连续的横向玻璃窗提供相对开阔的视野，低层树木枝叶繁盛，层叶荡漾，偶见远山。从休闲厅逐级绕行至左侧，设置水吧和早餐厅，吧台以天然的自然景观作为背景，斑驳的竹影形成天然的动态画面。从接待厅穿过竹格栅连廊便是一层的两个客房，东北侧客房视野开阔，村子的田野景观和远山都能引入客房，不同季节入住会看到田地里不同颜色和种类的作物。客房布置简洁，空间围绕两个方向的景观展开布置，床朝向北侧的远山，品茶区则朝向东侧田野，户外有一个 L 形的休闲阳台，卫生间干湿分离，开放自由，浴缸设置在大玻璃窗边，可以让身体更接近自然。

顺楼梯踏步而上，便到了二层的客房，亲子房的体验令人惊喜：空间分上下两层，内部有楼梯上下，室内根据不同使用属性设置了不同的高差和地面材料。一层布置一个大床，二层南北两侧分别有两个大床，可以供一家人居住体验。亲子客房的二层直接是建筑的屋顶木结构层裸露，阁楼北侧开了一条窄长窗，把远处的山景框入窗内，形成横轴画卷。顶层是一个大套房，空间横向延展，从玄关转入便能看到连续的山景，视野被完全打开。近处有部分树权冒出，形成远、近景层次。套房在布局上以内天井和浴缸泡池为界分成两个区域：一半是休息品茶区，一半是休闲水吧区，空间通透自由。屋顶木构梁架裸露，结构与空间的关系一目了然，清晨鸟叫声响起，打开窗帘便让人心旷神怡。

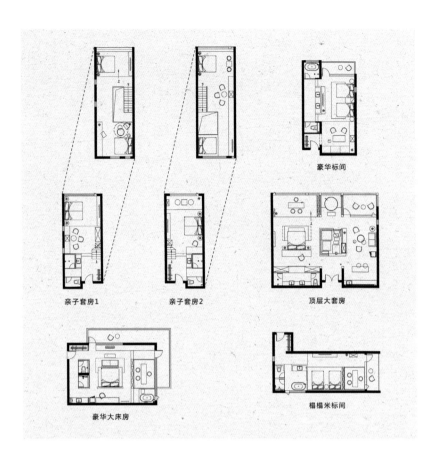

亲子套房1   亲子套房2   顶层大套房

豪华标间

豪华大床房   榻榻米标间

客房户型图

陈林

毕业于中国美术学院建筑
系，师从王澍教授；夯林建
筑设计事务所创始人，主创
建筑师。改造类项目是事务
所最关注的领域，尤其是乡
村。夯林建筑从很小的项目
开始做起，关注乡村建构学、
类型学，尊重建造的真实性
和在地性。研究自然和建筑、
人与环境、新与旧的相互关
系，也在不断的实践中探索
新的建筑学领域。始终相信：
念念不忘，必有回响，不忘
初心，方得始终。

我关注地域文化，希望建筑是从场地中自然生长出来的。在
设计的过程中会更积极、正面地回应文化，包括在地的气候
环境、人文、匠艺、习俗等。文化本来就是一种内涵，只是
需要通过一些载体表达出来，我设计的民宿本身就是文化表
达的载体，通过建筑形态、空间关系、材料组织、亲身体验
来彰显在地性的文化内涵，我认为文化应该是能深根的、有
延续性和感染力的。

在我看来住到民宿应该像是回到了一个温暖的家。有在地性
的文化底蕴，又能满足现代人生活需求；有管家式的全方位
服务，配套齐全、居住舒适的同时，情感上也得到了满足。
燕儿窝（又名"林语山房"），其意为两重：一重是住进民
宿会感觉山林在跟你交流对话，在你耳边呢喃；另一重是归
家的意思，"窝"在当地被理解为"家"的意思，燕儿窝就
有回家的喻义。

民宿本身是一个空间载体，也是一个记忆载体，我通过设计
民宿这类建筑去表达观点。可持续、文化传承、顺应自然，
我希望秉持这样理念做出的设计，能在传播的过程中对乡村
或对社会产生一点意义。

陈林

民宿信息

地址：湖南省张家界市永定区尹家溪镇马儿山村五组
电话：18174473626

天目村·偶寄

偶寄位于杭州临安太湖源天目山景区山麓处，场地内景致如画，眺望远处村落，勾勒出一幅"山麓炊香有人家"的淡墨山水。场地内有一栋建于20世纪70年代的老宅，很幸运其大部分夯土墙和木构架被相对完整地保留下来。设计师将这栋老宅视为一代人的生活记忆和情感载体，并将其定义为酒店整体规划设计的核心。

设计团队对该项目进行整体规划，保留一栋老宅，并在原址上先拆后建一栋新建筑，整个场域由东、西、南、北4个院落构成。对老宅的原始墙体及木结构进行修复和结构加强，并用钢构结合陶粒混凝土重新浇筑楼板。针对老宅的改造设计理念，用回收的老砖为原有的夯土墙穿了件"外衣"，将木结构合理地在室内空间裸露呈现，老宅的岁月痕迹和结构美完整地呈现在客人的视线中。设计师将老宅原本单一的居住功能置换成酒店的复合功能，兼具大堂、前台、休闲区、茶室、西厨、中厨、餐厅、客房等功能空间。在老宅二层设置2间客房，每间客房的屋顶都增设较大幅面的天窗，分别位于客厅、卧室和卫生间的上方，有效改善老宅室内空间的照明质量。在老宅东侧用钢构结合玻璃幕墙的形式新建一间坐落在水上的YING餐厅，在庭院内栽种日本早樱，当春天樱花盛开时，在这里可以享受到独一无二的用餐体验。

通过玻璃走廊从老建筑进入新建筑，新老建筑之间有1.5米的高低差，在走廊两侧水面的映衬下人仿佛从水下浮出水面。新建筑一楼有2个休闲区，人们在南面的休闲区透过玻璃幕墙将户外美景尽收眼底，在西北面的休闲区设置真火壁炉，入冬后人们在这里围炉取暖，喝杯咖啡，舒适惬意。在新建筑二、三层共设置5间客房，每间客房都配有独立观景阳台，客房内大幅落地窗满足白天自然采光的同时，也将户外美景引入室内。客房的卫生间采用"水晶盒"的设计理念，通透明快的设计满足客人不同寻常的体验，同时在"水晶盒"外围设置暗轨纱帘，保证使用卫生间的私密性。新建筑外观采用水泥肌理的块面化设计语汇来表达，未来还会将实木百叶表皮安装完成，从木百叶过滤进来的光线让室内空间随着光线的变化渲染出流动的光阴肌理。

在西院设计无边际泳池，与泳池相邻的是一个可同时容纳6~8人的下沉式广场，泳池和下沉广场之间间隔90厘米的平台具有吧台的功能。东、南、西3个院落朝南一侧用玻璃护栏进行围合，在视觉上模糊场地边界，在庭院里可以毫无遮挡地眺望远处村落，一览无余。

设计单位：
是合建筑设计咨询（杭州）有限公司

设计：
龚剑、刘猛

参与设计：
张杰、凌惠鸿、吴凯伦、
宋永健、徐贞

结构设计：
浙江广厦建筑设计研究有限公司|
张海航

主要材料：
水磨石、白瓷砖、鱼肚白大理石、
黑色实木饰面、橡木地板、
超白玻璃、肌理漆

面积：
800平方米

摄影：
是合文化、叁三影像

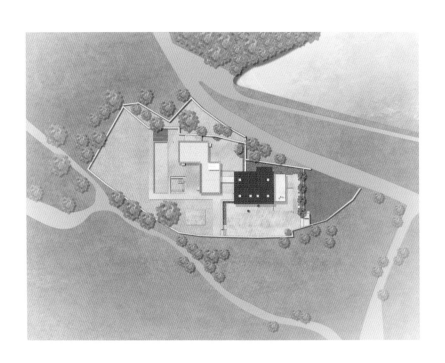

场地图

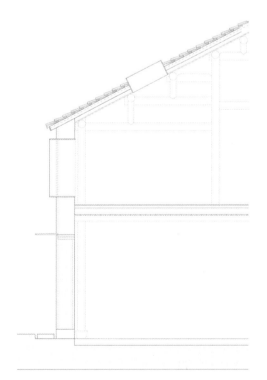

老建筑结构细部

立面图

剖面图

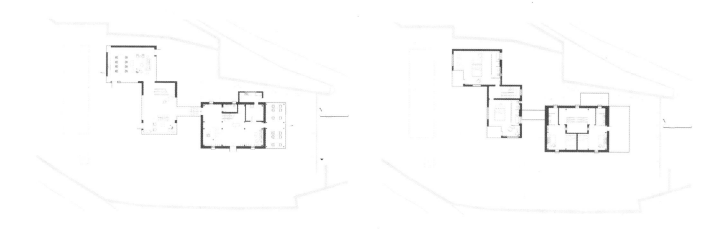

一层平面图   二层平面图

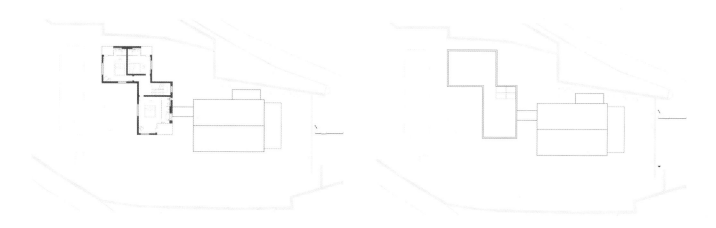

三层平面图   屋顶平面图

是合建筑设计咨询（杭州）
有限公司

是合建筑设计咨询（杭州）
有限公司于 2017 年创办，
立足于中国传统文化的传承
和创新，结合西方设计美学，
提供更具国际化视野的建
筑、室内、整体规划设计以
及品牌策划服务。坚持对规
划运作、地点、功能和历史
等进行细致深入的研究，致
力于建筑与经验、细节、材
料、形状及灯光的积极互动。

从规划、设计、建设、运营这一整套的动作干预，我们摸索出了一种以设计为引擎的创新开发模式，从而实现从"赋形者"到"赋能者"的角色转变。我们将建筑、场地作为媒介，让其价值外延，通过众筹引入社会资本，打造成一个兼具都市白领梦想的栖息场所以及互联网产品拍摄、休闲度假、公司团建、小型婚礼等具备媒体引流效应的载体，作为迥异于都市的悠闲、宁静、生态、传统的自然文化环境让乡村项目独特的气质被激活，在形成良性互动的同时带动乡村建筑项目走入一个新的高度。

在设计上更多地遵循"在地主义"的理念。尊重人、建筑、环境之间的交流与平衡，尊重建筑的可持续性与环保性，拉近人与空间的距离，让材质本身去呼吸。在保留原有建筑风貌的基础上，对建筑适度改造，使之适应新的使用功能，并具有时代气质，使其在内部功能上实现突破，进而满足"新"的需求。

项目启动前我们梳理出值得保留的生活场景和文化印记，并确定了保护—修复—改造—新建四个层次的规划设计策略。对于房子主人来说，老屋是他们家族的精神归属，所以我们提出延续老屋记忆，在设计上保留中厅木结构屋架，借以形成"新"与"旧"的对话。

"新"功能要求我们采用"新""旧"互融的方式施工，利用村里老匠人娴熟的手工技艺还原老建筑木结构体系，建筑青砖外立面以及毛石墙；融合"新"的要求，加入保温层、防水层、保护层及采光窗体系统，以提高老建筑的热工性能，保证老建筑满足现代的使用要求。挖掘文化，振兴工艺，引入拍摄产业搭建平台来提升乡村建筑项目的美学文化素养。可以说这个项目的成功是我们在当前互联网时代乡村振兴的一次探索。

民宿信息

地址：浙江省杭州市临安区太湖源镇东天目村
电话：13456850198

青城山·青暇山居

山林云海中的野奢之处。

青城山，北纬31°上的一处清凉之地。青暇山居本就是青城山上的片刻闲暇。这里曾是两栋横亘于山坡上的三层建筑，山坡被人为地分割成两处：房前可观远山云起雾落的积极用地；屋后阴影中杂草丛生的消极用地。建筑的气息与基地本身如同陌路。

有自无中生，实从虚空来。改造的重点在于两栋建筑之间的虚空处。两栋别墅之间形成的阶梯空间面东而背西，名为"迎曦"，拾坡而上，直入一处僻静的方庭。庭中下布苔石镜岩，上有桂枝垂探。即使从环绕方庭的书廊后面的方窖外眺，亦可看到层叠的远山和云雾。雨天，庭院里细长的雨滴，沿着瓦片屋顶滴落成好看的水帘，打落在长满苔藓的石头上，最是动人。露天水池与庭院，透露着质朴简约的侘寂之美，在黑白滤镜下，散发出由内而外的禅意美学。不只如此，这一系列空间（阶梯、书廊、方窖）的屋顶在两栋旧建筑的三层形成与半坡宛然相连的天然眺台。这平台亦将三层别墅分为上下两个空间：上为承接地气的单层宅院；下是青暇山居的两层主体空间。无论上下，曾经的消极用地已化为气息通达畅游的积极所在。

青暇居坡上，人从山下来。进入青暇山居，穿过小小的山门后需步行一段山花烂漫的小坡，再走上名为"大观"的桥亭。植物簇拥着向上生长，偏偏留出一条爬满青苔的石子小路，好像原本就长在那里，经受过时间与自然的洗礼之后，更显质朴与坚韧。随着大观亭下的香烟袅袅升动，人可登上平台，在桂花香气四溢间穿过桥亭，即可进入青暇山居的主体空间。

开池不待月，池成月自来。连接青暇山居中轴空间序列与入口空间序列的关键所在，即是那一方灵性的水池。这里本无水！在设计思想中，也本无意为追求舞台效果而强造水景，是业主李先生对水的偏爱改变了设计团队的想法。如果"人欲而我不予"，那这份"内在执着"可不是"人心"与"建筑"的缘分。所以，后来一方清池出现于此，接应朝霞雾露或澄空云白，为两个空间序列提供了无数变幻的气息。

建筑设计单位：
深圳市承构建筑咨询有限公司

建筑设计：
柴晟、梁闵冠、张鹏、康俊杰

景观设计单位：
纬图设计机构

景观设计：
李卉、杨灿、谭斐月、刘恬恬、李婉婷、戴甘霖、宋照兵、张梁、李理、余中元、高源、王琼、廖春霆、胡小梅

室内设计：
承构空间环境设计（深圳）有限公司

业主单位：
成都青暇山居文化传播有限公司

面积：
用地 7259 平方米
建筑 1850 平方米

摄影：
严天好、刘克刚

青暇山居概览

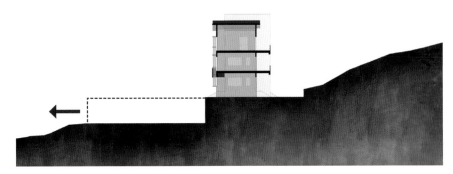

改造前

改造后

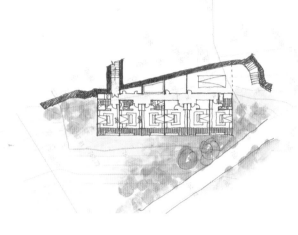

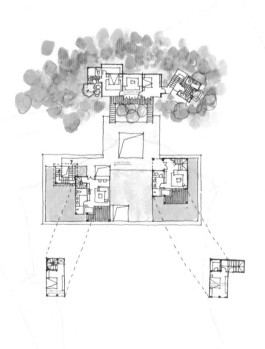

青暇山居概览

"道人庭宇静，苔色连深竹。"后院的竹林道场同样意味深长。茂竹深林的圆形道场以竹为穹，设有傍桂树丛生的树居、结于岩头沟上的草庐、依道场而起的房舍，以及从竹间探身崖壁的竹屋等，形成独特的心境与气息。竹是一种天然契合"道—气"的生命结构及运动机制的形物，山林间的浩然之气在空气中流转。深呼一口气，像是呼出了凡尘间的琐事，只留一丝清暇在心间。

山居内每一处空间的命名皆有典故，客人一至，空间便已告诉你的所在。赏桂花树的"大观亭"出于此处的镇名，而其直面的"滟景"便是村名。"唯余清影落江湖"，"清影"是映于池波上的长亭。在此抄经、啜茶、枯坐、眺远，全是生命中似虚是实、似影还真的瞬时。"迎曦"是笑迎朝霞暮雾的阶梯讲堂。"迎曦"之上的方庭则是静享"檐前滴水、堂前过风"的去处。庭间、苔藓间有石横卧，遇水而其面如镜，因仰向夜空而得月——犹如"掬水月在手"，故名"掬月"。

"宴·平乐"是山居的餐厅，宴时亦可临池而赏平时之乐。唤为"暇客行"的大堂空间里，有灯自天花上如水袖泻地，夜时便隔空矗立水上。袖内又有光，其下可打坐。隔窗临水的水袖灯是出自吕洞宾的诗意——"朝游北海夜苍梧，袖里青蛇胆气粗。三过岳阳人不入，朗吟飞过洞庭湖。"大观亭中有一盏与烟香缠绕的蚕丝灯，灯面上随步阶而转的有四句诗，是设计者最喜爱的道家诗："登上高楼看八都，墨云散尽月轮孤。茫茫宇宙人无数，几个男儿是丈夫？"唯此，建筑的气息与人的气息方可交融更久。识者自识之。

青暇山居客房以每个合伙人心仪的名字命名，是人与建筑空间连接的一种方式。"结庐"（结庐在人境，尔无车马喧）离青暇山居主体最近，远一步则入篁林。毗连圆形道场的两间客房分别名为"少醺"（酒喝微醺，花着半开）和"恒吟"（意为琴音不绝）。从竹林里探出头，悬于溪上崖壁的是两间竹楼——"云抒"与"庭花"出自"看庭前花开花落，看天上云卷云舒"的意境。若论视觉感受，再好的建筑设计也有逢时与落伍，但通过眼耳鼻舌身意而得的气息感受，好的设计便无过时之说。

柴晟

深圳市承构建筑咨询有限公司、上海承构建筑咨询有限公司董事长/首席设计师，美国 MADE&MAKE 建筑设计公司合伙人。

青暇山居，隐藏在青城外山的半山腰，一池清水如同一面明镜，衬得山水一色。群峰环绕起伏，林木葱茏幽翠。人们在想，什么样的设计可以衬托这满怀生命力的土地——道教发源地，半山的曲径通幽，与世无争的安宁。记得初次到此的雨天，雨淅淅沥沥下着，云雾缭绕山间，轻薄浣纱缭绕，缘分就与此开始。清淡优雅的山居生活，与清风霁月为伍，我尝试用建筑与景观，共同去诠释道家淡泊而宁静致远的思想，完成此次人、建筑、山川之气息和合的设计！

民宿信息

地址：四川省成都市都江堰市青城山镇艳景社区 20 号青暇山居
电话：028-87112323

仙居·不如方

不如方坐落于大山之间，晨起朝霞，日落夕阳，薄雾云烟氤氲，蝉鸣鸟叫。四季有山风鱼贯而过，庭院树梢挂梵音风铃，隐隐约约、若有若无伴随着风的声音。夜晚的不如方，沉睡在大山的脚下，一排排的夜灯温柔地加入夜的宁静，温馨明亮，是归人的方向。

民宿所在地淡竹古村坐拥 80 平方千米的原始森林，无邻里，独占自然优势，回环曲折的木栈道通往不如方的小木屋。设计师考虑到洪水的发生，抬高建筑位置，为了让建筑显得平和，入口也一并做了同高度的木栈道。古村中有很多石头房子，故项目在设计时也加入"石墙"元素，以点缀的方式，让单体建筑更好地融入场所环境，以木条拼接做外立面，减轻石砖的厚重感，木质原料轻盈，与云雾、溪流等大自然的柔和融于一体，但仍能在共性中保持个性。

庭院中石头筑起的短面围墙错落有致，层次感打破封闭式的沉闷，消解筑在内心的围墙，是精神的解放。设计师以"开"的方式，从外到内逐步打破围合感，扩大建筑与自然的交集面，摒弃原有建筑的呆板。以树篱代替围栏，软化庭院内外边界，提升自然沉浸体验。树影、阳光，随心所欲落在木条墙上，外墙涂料、原色木条……随着时间的推移逐年换色，终将和背靠的青山和谐相融。景观系统点缀氛围、衔接布局、隐秘空间、柔和照明的功能，也随着时间展现不同的生长姿态，设计师巧妙引入时间变量，打造不断变换的空间体系。

L 形开放式厨房与庭院茶室，围合出独立的儿童滑梯游乐区，三处空间既可独立使用，又能相互联动，满足多人用户的使用需求。厨房内条形木头、石头墙壁、水泥地的交错组合，现代与旧时的碰撞，科技与原始的火花，淋漓尽致地得以展现。利用空间拐角的另一边作为餐厅，餐厨分离，无需过渡，浑然天成。

设计单位：
YAOLIANG 建筑空间设计事务所

设计：
姚量

参与设计：
许允信、曾弋格

面积：
建筑 1060 平方米
占地 5000 平方米

主要材料：
钢筋混凝土、红砖、旧木、耐火砖、艺术漆

摄影：
潘宁峰、陈军

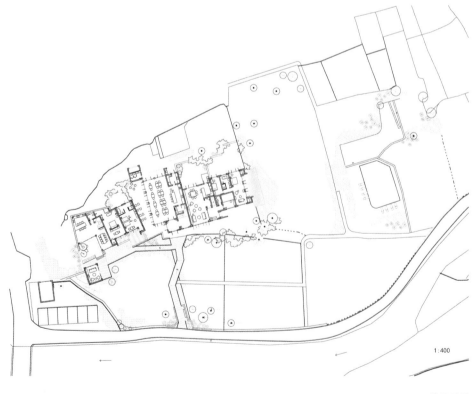

1:400

总平面图

简洁干净的起步石阶交错叠放，白、棕、灰三个色调的应用，一深一浅，在视觉上给予层次。原木阶梯的衔接，适当抬升的吊顶，令空间充分自由。锥形的灯，拐角的石头也是一道独特的风景。过道上空呈镂空式，空间不大阳光却能照入，狭窄的空间也可让人感受自由的气息。灯光暗藏于扶手下，通过光的折射，消除了黑函的恐惧，也能够避免破坏夜色的寂静。倾斜式的房顶，用通明玻璃隔开，在减小压迫感的同时亲近自然，触手可及星空与风雨。门前有溪，以蓝色旧铜板为底制作墙画，挂在邻窗的位置，借阳光折射，地面有波光粼粼之感。过道尽头有一扇木质窗，窗外框住的风景，仿佛是一幅微动态的画，随着时间，随着天气，随心所欲，无限变幻着。画中有景，景似框中画。

房间的全景窗设计搭配框景，山景入室，抬眼即画。每个和谐空间中又带有独特的观感体验。在主人房中灰色系占据大面积，整体与客房区别开来，设计师将个体的精神融于其间，一扇门窗将房间与阳台隔离开来，阳台就是一个与自然亲密接触的天地。双床方周围白色轻盈飘动的缦纱垂挂，两盏小夜灯放在床的两边却也留有空隙。黑色垂挂式吊灯被周边的亮白衬得宁静，是心安一隅。大床房以白色家具为主，灰色像是对平静的踏门而入，融于其中不显突兀。窗里映照着窗外的新绿，是对神秘森林的一种窥探。家庭房中有一个小圆桌，以及容纳五六人的沙发，谈天说地，欢声笑语，幸福上午感跃然而出。露台房有开放式洗手台，浴室在斜面的屋顶下，磨砂的玻璃窗保护着隐私却不限制光线的肆意穿过，瓷砖地面和木质地板的铺设将空间却分开来。

东方的田园山居，是自然的馈赠，点线面的精准尺度，规划外界形态，内心深处是无所拘束的。自我在真实的环境中，肆意起舞。刻画时间年龄的建筑，抹不去的是屋主个性、自由的表达。不是恢复过去，不是格格不入；不是回到乡村，也不是脱离现实。而是在寻找最初，同时与时俱进。

立面图 1：50

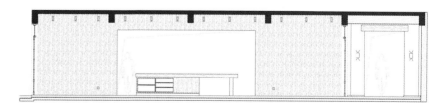

公共客厅立面图 1：50

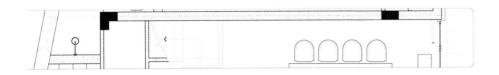

厨房立面图 1：50

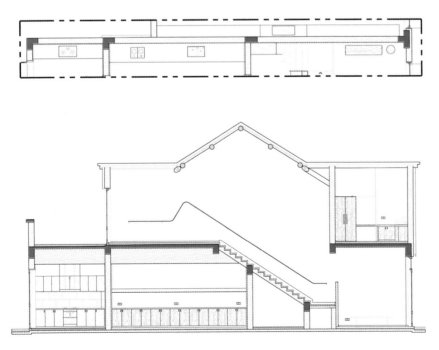

餐厅立面图 1：50

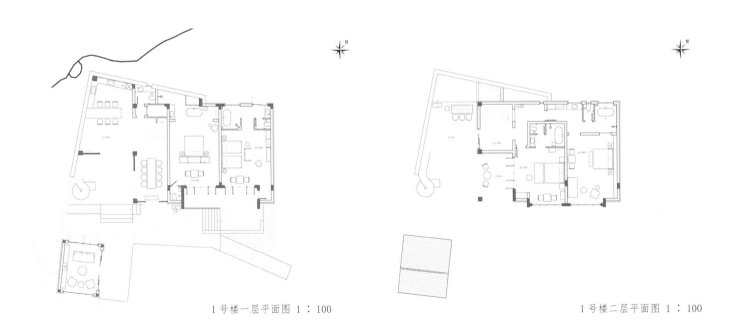

1号楼一层平面图 1：100

1号楼二层平面图 1：100

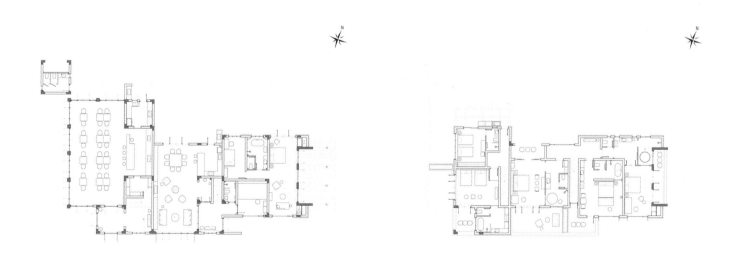

2 号楼一层平面图 1：125 2 号楼二层平面图 1：125

不如方不只是民宿，更多是我的第二个家。我希望这个家是
某种形式上的自由和随性，它可以让我做自己。

姚量

自幼学习中国画，毕业于
雕塑专业,从事建筑室内
商业项目设计20年，现为
YAOLIANG建筑空间设计事
务所设计总监。

民宿信息

地址：浙江省台州市仙居县淡竹乡下郑村
电话：18967681231

乌镇·谭家栖巷

在当下中国，观光式消费向度假式消费的转型为设计提供了一个基本语境。"如何为传统水乡设计一个智能型的中等规模的度假休闲区"成为设计师首先要考虑的问题。

谭家栖巷由酒店、餐厅、书屋、展厅、茶室等十大场景板块构成且迭代发展。设计师及其团队探索手工艺、自然材料与现代简约的手法，在谭家栖巷各场景设计中融入，包括深度睡眠、设计家具和经典卫浴等体验式场景，传递"历久弥新"观念。同时艺宿、集盒等创新内容不间断植入，艺术研修课程定期开设，鉴赏会、诗歌会、时尚戏剧等文化活动不断衍生，潜心构建动静相宜的社区化生活。

遵循古镇发展的规则并保留村庄的原始形式，设计团队精心修复了15座现有建筑物，尊重和保护现有的氛围，而不是从零开始创造。经过重新设计的坡屋顶可以理解为现有周边建筑的延伸，在此之下，在地社区文化也得到了复兴，以新的内容取而代之：当地食物、市集与艺术展览相混合的方式。此外，当地的工匠也被邀请参加这个项目，将传统的工艺纹理融入现代设计中。

在户外景观中可以感觉到水的微妙存在，它连接着建筑物。设计师希望尽可能地保留原始植被，并使建筑物的院子景观和车道尽可能呈现它们过去的样貌。改造是最困难的设计任务，设计师没有刻意划分空间来创建常规大小的房间，而是考虑使房间适应当前的空间结构。这导致了各种各样的房间类型，从标准房间、套房、阁楼到单户住宅。

院墙局部采用青砖，不同色调的灰色打破砖砌的单调，形成从暗到亮的柔和分级。一些来自同一块土地的旧石板被重新利用在客房的入口前，客房的墙壁是由白色乳胶漆混合了木屑粉刷的表面，使它拥有温暖如纸般的质感。设计遵循保持现有建筑结构与氛围的原则，同时在墙体关系的处理上做出一些努力。例如，在大堂入口上方的墙壁上，基于原有的墙壁结构，对这部分墙壁进行简单、自然的处理，自然光与乳胶漆创造出极简的空间感。在餐厅上方，吊顶被做成15毫米的极薄厚度，背面隐藏间接光源。在阁楼房型的客房中，现有的建筑结构几乎没有被改动，除了一个很薄的吊顶置于中央，用于隐藏空调和光线。

设计单位：
杭州陈飞波室内设计事务所

设计：
陈飞波

参与设计：
史约瑟、吕杨勇、刘亚楠、
吴洪伟、罗嗣荣

软装设计：
李祥、王超、茹燕、沈云峦

主要材料：
清水混凝土、户外涂料、芝麻灰石材、
老石板、重竹地板

面积：
10000 平方米

摄影：
稳摄影、唐徐国

总平面图

九谈：办公会务
上台：屋顶派对

栖巷合味：食肆
三味：私宴
四量：酒吧
五福：围席

七卷：书屋

一墅：村居

一墅：村居
六茗：茶室

栖巷

二舍：乡宿
十回：艺术空间

栖巷

二舍：乡宿

一墅：村居

二舍：乡宿

一墅：村居

建筑外观

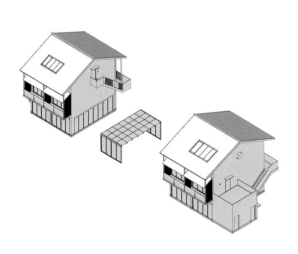

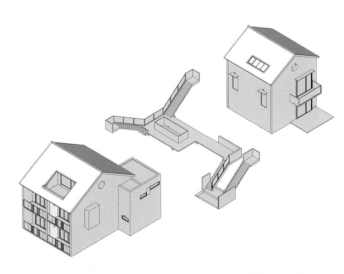

连接型半公共空间

对于 20 世纪 90 年代前后出生的人来说，记忆中总是有一个巨大的、深红色的塑料盆，或许曾经在里面洗过澡，或许曾看着奶奶用它来洗过衣服。在谭家栖巷，红色塑料盆上的纹理可以在院子里的石板上被找到，设计师将它作为浇筑水泥石板的模具。在这里，可以看到诸多此类的例子，设计团队试图通过留下令人熟悉那些肌理来唤醒对过去生活的记忆。

谭家栖巷的客人被想象成是那些欣赏简单、现代生活方式，具有社会、自然和艺术意识的人。设计团队从乌镇举办的当代艺术节中汲取灵感，希望实现的假期体验就像回到了一种去小镇探亲的日子。走在去酒吧或餐馆的巷子中，踩在青石板铺成的小径里，一些过去的记忆似乎醒了过来，感觉离那些旧时光的情感稍微近了一些。

一层平面图

二层平面图

三层平面图

陈飞波

设计师、艺术指导，2004 年
成立杭州陈飞波室内设计事
务所，2010 年创立家具品牌
"触感空间 TouchFeeling"。
多年以来，持续关注消费体
验类和生活场景设计研究，
在酒店和住宅等领域积累了
丰富的实践经验。

要揭开乌镇诗意朦胧的面纱，有时候仅仅需要到景区外面走
上一走。在那里我遇到了一个不同的乌镇。一个不符合游客
们"怀旧"期许的乌镇，但它真实、生动，有待开发。它也
拥有一座在城镇化进程中尝试抓住发展良机的三线小镇的真
实精神。谭家栖巷与西栅景区咫尺相邻，与慈云古寺、石佛
寺朝夕相对，它是乌镇第一家村落型设计酒店，致力社区化
的生活美学体验，以及具有在地性的自然人文休闲。我崇尚
在地性，尽可能还原传统村落及社区形态；我尊崇恒久感，
坚持与环境保持一致性；我追求非标准化模式，度身定制人
文休闲服务；我秉持美学生活观，在文化内涵日益丰足的乌
镇，使谭家栖巷成为逐一践行"生活即美"的开放型人文社
区。

民宿信息

地址：浙江省桐乡市乌镇虹桥村谭家桥 10 号
电话：0573-88721666/18257331000

哀牢山·树几山舍

树几山舍位于哀牢山脉中段东麓，紧邻国家级原始森林，既有 2000 余米海拔的高寒山区，又有 510 米的低海拔河谷热坝，由此带来令人惊喜的立体气候、在地物产及民族文化。场地由 6 株百年老树环绕，得名"树几"。

带着对周边古老村落和古树的观察，怀揣对全球仅有的横断山脉多重文化的景仰，设计过程进入与自然、与在地人文的深度对话，并独创性地对花腰傣服饰图案和生活用品进行延展应用研究，并进行艺术再造。这里是一个用匠人精神完全手"捏"出来的作品：前有品牌创始人在云南大山大水间 20 年不间断的寻觅，后有设计团队历时 2 年半的心血倾注。

设计师从空间结构开始思考，做设计，再到形态调整，保持一种自然美感与设计美学的平衡。注重细节的对应关系处理，以及时间与空间逻辑关系的思考。将古树映入窗景，将云海接入阳台，将民族文化延伸到设计原创品，引入自然和人文，然后淡化树几山舍的存在感。让旅者重新构建自己心目中的理想场所，在物质和人的对立融合关系中产生独特的文化属性。

树几山舍，是设计师精心雕琢的一件时空意识品。在设计与建造过程中，将原宅基地上近百年的石块、土基、老木以全新的面貌"归还"到新的建筑中。恰到好处的不经意，其实都是设计上蓄谋已久的偶然。旅者身处树几山舍，感受与自然的亲和、与光影的对话、与距离的交融、与时空的交叠、与阴阳的平衡。虚与实之间，梦境与现实快速转换，就有了对于生命的觉悟，有了一颗自由、喜悦、充满爱的心，有了回归自然和与大自然链接的能力，有了安稳而平和的睡眠，有了走遍千山万水的气魄……

设计单位：
纳楼室内设计工作室

设计：
杨晗

参与设计：
胡亚涛、李正海、张俊钢、
苗宾、吴树本

主要材料：
毛石、土基、研发艺术涂料、
老木、窑变马赛克、微水泥

面积：
3254 平方米

摄影：
Menowong

总平面图

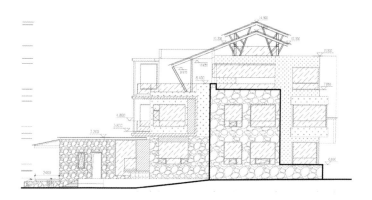

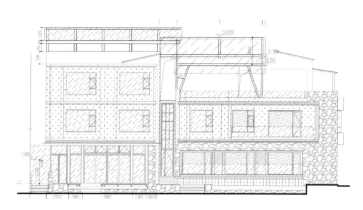

立面图

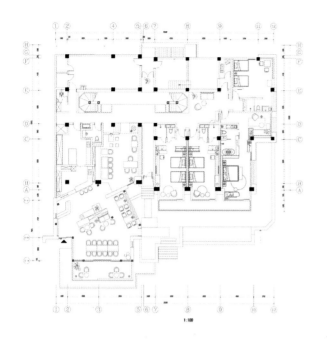

一层平面图

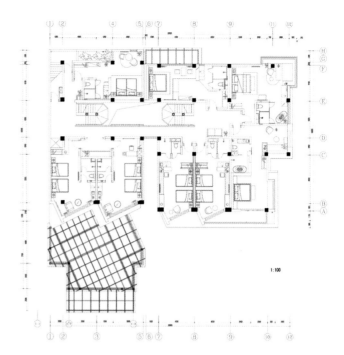

二层平面图

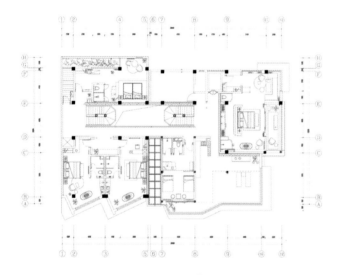

三层平面图

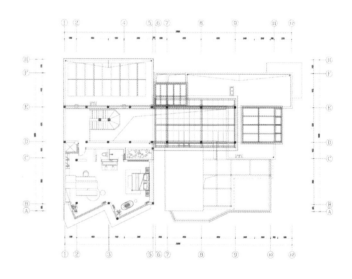

四层平面图

杨晗

纳楼室内设计工作室创始
人、产品创意总监，云南省
室内装饰行业协会设计专业
委员会副会长，中国建筑装
饰协会软装陈设分会副会
长，CSDA 中国建筑装饰协
会、中国软装陈设设计推动
力人物。

树几山舍，与其说它是一个实物，不如说是一个生命体，代
表了云南大山大水的生命体。在云南，即使是一片茶叶的香
气，也是在天地间寻找知味的生命。树几山舍在古树、云海、
星空与朝霞之间，寻找那些崇敬自然，又追寻精英生活的人；
对空间在感性层面有深度领悟，又在理性层面追求严谨逻辑
呈现的人；任何时候都能保持精神上高贵和物质上节俭的人。

树几山舍，不会长久属于谁，但可以短暂拥有，哪怕只有一
晚，也是值得。林深时见鹿，海蓝时见鲸，梦醒时终见你，
亲爱的，我们到家了！

民宿信息

地址：云南省玉溪市新平县戛洒镇耀南村朱家寨 3 号
电话：13577100913

大理·十九山

Wutopia Lab 接受好友委托历经约 3 年在大理海东方完成一个以水墨为基调的最佳民宿。设计团队面对拆除一空的别墅里，在设计上选择用减法实现没有牵绊的自由生活的第一步。每个房间都面朝洱海，面对闪耀光辉的苍山洱海，任何装饰都是做作。设计师将窗户开到最大，无阻碍地把风景变成室内的主角。房间要空旷，功能和装饰要做到刚刚好。客房内有一张很大的床，有朝向大海的浴缸以及大沙发，还有集合了用餐喝酒和办公的综合性中岛，衣帽间和卫生间被小心隐藏在客房门内一道连续的屏风墙后，屏风上抽象的水墨山水呼应苍山。客人可以直接坐在或者躺在山水间。身无多余之心和物，这才是自由。

减色也是减法，但并不是极简主义下的纯白色窠臼。白色会让风景和人变得拘束，很不自由。但如果全部用黑色，那压抑的黑色让欣赏风景的心情变成嫉妒和不满。设计师将黑和白二色组合起来，仿佛水墨画一般设色，那么这个空间就不会极端，反而贡献出和绚烂的蓝山碧水对偶的下句。减色不是减成一，而是减成可以相辅相成的二。空间用不同质感的黑色涂料、金属油漆、地板，玄武岩把大门、前台、厨房、茶室、公共空间以及庭院和客房的地面连成一幅层层晕染的黑色画面。复杂的黑色消弱客房的白色墙面和天花的神圣性以及不能改动的外墙颜色的世俗性，把不可调和的它们综合在一个叙事结构中，消除彼此的藩篱和对立，自由就在眼前。

推开沉默的黑色大门，黑色地面上闪耀着一地碎片的阳光，进入有着天光的黑色门厅，洱海就宁静地躺在那里。进入有着天光的黑色门厅，阳光把黑色洗刷得有些懒洋洋的。进入楼梯间则需要重新适应光线，后是一间被屏风挡住的黑色门厅，光线透入空间，打开客房大门，洱海尽收入眼下。房间在这时是五颜六色的、绚烂的。色彩之于形象有如伴奏之于歌词，自然的色彩才是设计的主调。在这看得见风景的房间内，是一次人生洗礼的仪式。

设计师保留了一个不极简的痕迹。十九山原来的别墅施工误差很大，只能使用石膏板重新把天花和墙壁找平。可是如果也将阁楼凌乱的梁吊平的话，阁楼的使用会很局促。自由是不被要挟的。所以设计师将杂乱的梁结构用白色一刷了之。从客厅回头看，刷白的梁如同树枝藏在后面的天花下，放下执念也是自由。十九山的建筑外形是所谓的西班牙地中海式别墅，设计师使用减法，把它减成西方建筑学中最基本的类型——拱廊，延续周边建筑的文脉。每个拱券应对一个柱跨而形成变化，和周边的建筑相比显得克制的活泼。立面隐藏了室内澎湃的冲动，平静微笑地矗立在山坡上。客房的浴缸被推到室外，两侧各加了一组拱券，产生两个奢侈的户外灰空间。

客房在封闭的顶楼外墙处留一个红色圆形高窗，蝴蝶是设计师给予空间仅有的装饰，出现在客房门厅的天花和客房里狭长的壁龛。光线轻轻地打在蝴蝶轻薄的翅膀上，空气中仿佛有细微的脆响。这仿佛是一种遥远的回忆，提醒着，这是大理。

设计单位：
Wutopia Lab| 非作建筑

主持建筑设计：
俞挺、闵而尼

项目建筑设计：
濮圣睿、穆芝霖

参与设计：
孙悟天、俞晓明、孙敏、张玮、方崇光（实习）

主要材料：
火山岩、玻璃、钢板、涂料

面积：
1502 平方米

摄影：
CreatAR Images

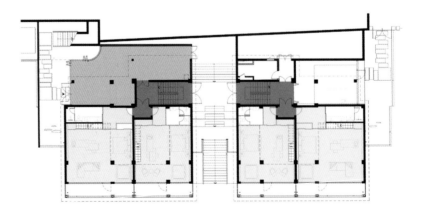

一层平面图

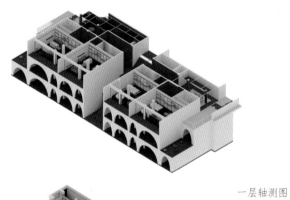

一层轴测图

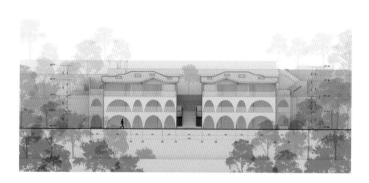

立面图

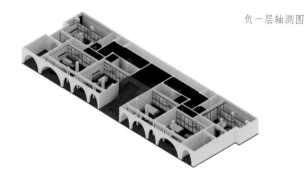

负一层轴测图

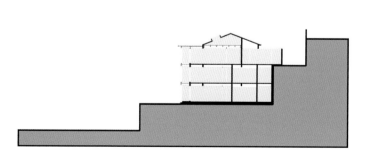

剖面图

负二层轴测图

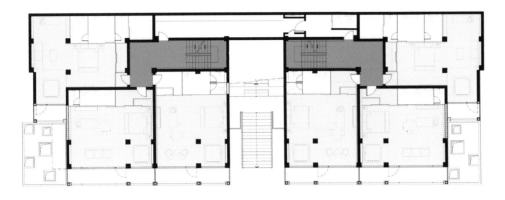

负一层平面图

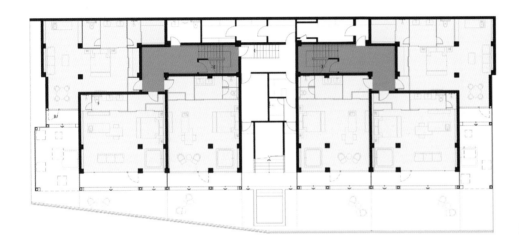

负二层平面图

俞挺

生活家、建筑师、美食家、作家、业余历史爱好者、重度魔都热爱症患者。Wutopia Lab 创始人，Let's talk 论坛创始人，城市微空间复兴计划联合创始人，FA 青年建筑师大奖联合创始人。

大理·十九山是我第 3 个落成的水墨设色的民宿或私宅作品，但其实它是第一个设计的。大理的壮观景色告诉我，风景必须是设计的一部分，它成为设计的上句，而下句则可以借用古人的水墨抽象创作黑白晕染的风格。

我的甲方是在德国读中学、大学的"80 后"上海人。我很好奇他为何要在大理做个民宿。他说"大理我觉得很自由"，建筑师老张的大理是阳光下懒洋洋的，一个自我放逐的大理。而更多人的大理是夜色酒吧里的酒精，恍惚的歌声和乱穿的荷尔蒙，但我认为放纵算不上自由。当小孙的猛禽迎着炙热的阳光鞭挞下粗暴地冲上海东方的山坡，没有牵绊的蓝色洱海广阔地横陈在眼前。自由，这是进入我脑海的第一个词。

民宿信息

地址：云南省大理白族自治州大理市梦云南海东方 B005
电话：0872-2193193

大理·六阅

六阅坐落于大理洱海东岸的环海东路边上，拥有一览无余的海东视野，红色的陶土瓦屋面以及暖黄色外墙涂料使建筑颇有地中海的建筑风情。业主的诉求是打造一个有着13间客房的网红点，并且有自己特点的精品民宿。面对最初阴暗的现场，设计师重新规划流线，将公区与客房区的动线分离。根据现场实际阳光的走向，增大采光面，剔除多余的隔墙，再把隔墙设计为半高墙，同时设计多种形式的窗洞，面对洱海的开窗面尽量打开，让每个客房都能沐浴在大理的阳光下。客房卫生间尽可能靠近洱海的尽端，每个浴缸都有完整而开阔的洱海视野。楼梯也被改造至建筑东面，借由来自前院的光线，并在楼梯侧面增设一个天井，为一楼的楼梯间带去采光，天井墙面保留原挡土墙砌筑的石头，配上有热带气息的高大植物，为悠长阴暗的走道增添别样的野趣。

为了让访者看到洱海有豁然开朗的感受，采用先抑后扬的手法。前院及前厅的节奏把控显得尤为重要，先经由东面的庭院进入一个门厅，门厅的光线被特意压低，只是在侧面开一条天窗。随之看到被三面墙包裹的前台区域，前台的光线依然是偏暗的，但是几乎是同时的，迎面扑来的是一览无余的苍山洱海的辽阔风光。充满惊喜的同时，卸下一路疲乏，内心的情绪得以安抚。

设计师除了思考空间的大格局，在空间内的小角落也不乏巧思。淋浴间用来放洗浴用品的地方被设计成一个半圆形的小墩子，床头及门头壁灯被设计成一个半圆形的石膏灯罩，负一楼的餐厅地面有一大块不能拆的石头基座，餐厅的布菲台就干脆落在这块大石头上，弧形门洞呼应原先建筑外墙上出现的一些手法、墙面上偶尔出现的一些好玩的小洞口……这些都在与使用者诉说着，这是一个可爱的、有趣的、热气腾腾的地方。设计师并不执着于图纸及绝对的设计手法，而是依循现场，顺势而为，让设计生长出来，坦然从容。美好的空间自然生出了美好的情绪……空间改造完成后，阳光的形式也被描绘得丰富而浪漫。那些粗犷老木头廊架投影下的条形光影形成热带气候般的光影感受，从玻璃砖透过的漫射光在楼梯间形成教堂般庄严的气息，大开窗面的阳光大大方方地洒在柔然的沙发上，或透过柔白纱帘，在墙上投影出温柔的光晕，慢慢的心绪，慵懒散开，悠长而淡然。不动声色却意外拥有着安静的力量……

空间布置的合理性及对节奏的把控固然重要，但是正如设计师所说，比起那些规整的、干净到冷清的、没有情绪温度的空间设计，那些充斥着对生活的爱意与热情，有着饱满的情绪的空间，更加打动人心……

设计单位：
尚壹扬设计

设计：
谢柯、支鸿鑫、杨凯、
刘晓婕、孔祥喜

软装设计：
郑亚佳、洪弘、吴思羽

主要材料：
质感涂料、石材、实木、
实木复合地板

面积：
约 1200 平方米

摄影：
JLAP | 坛坛

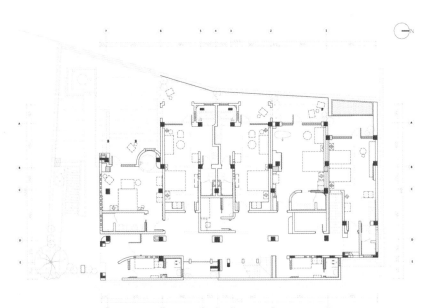

一层平面图

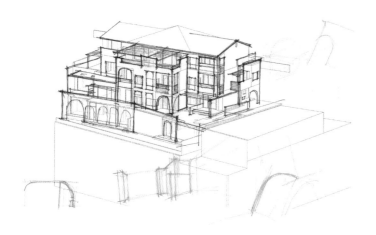

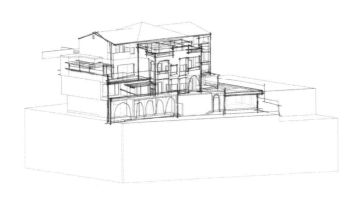

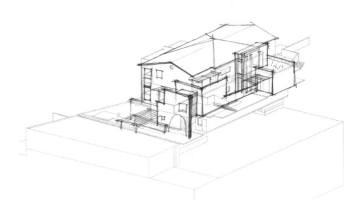

草稿

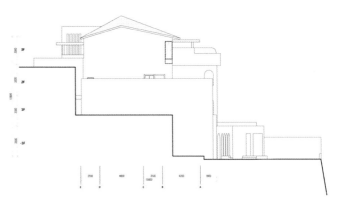

立面图

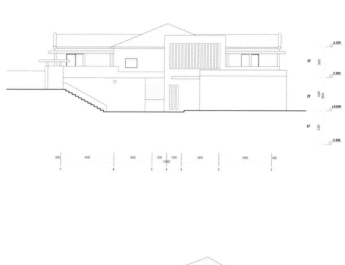

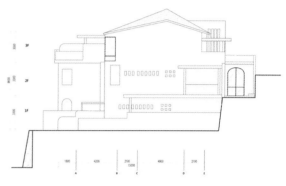

立面图

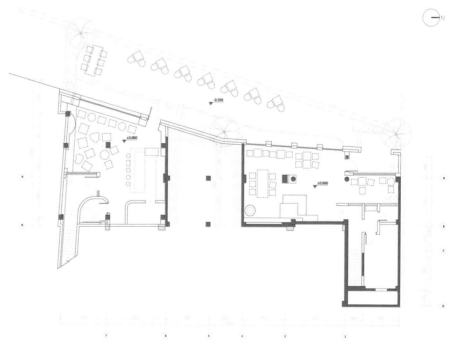

负一层平面面

二层平面图

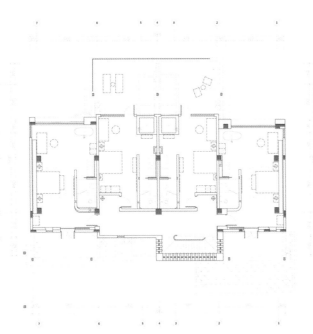

三层平面面

谢柯

毕业于四川美术学院油画专业，尚壹扬设计创始人，坚持朴素自然的风格，将传统手艺与当代审美结合，作品诠释当代性与在地文化，创造出具有东方人文美学的空间。

大理如同我的第二故乡，绝佳的苍山洱海景观与纯粹质朴的民风，都深深地吸引着我，十几年来，让我对于大理有着说不清的情愫与牵挂。六阅的纯粹与放松，让我们远离城市纷扰，离自己更近了。六阅在大理洱海边上，窗外洱海一览无余、净收眼底。风景已经很美了，设计就节制一点，退到后面。留白是我这些年一直在坚持的，把设计减到最少。留白并非苍白，而是以退为进，

将自然吸纳为设计的元素，并以艺术去重组它。设计便如同生长出来一般，坦然而从容。比起规整、干净到冷清的、没有情绪温度的空间设计，那些充斥对生活的爱意与热情、情绪饱满的空间更加打动人心。

双廊·天籁

天籁是对白族传统建筑艺术的剖析，并以此延伸至整体空间设计。通过对天然石材、传统建筑形式的创新，将建筑合理地融入周围的整体环境，又具有自己的特点。在设计上，汲取白族的传统民居建筑材料及纹样，大理的光照较强，传统的白墙在强光下较为刺眼，并不适用于现代白族民居。在主体建筑材料上，选择当地传统的手工凿面青石板，带有一种独特的朴实之感，合理开窗，增加采光，来弥补传统白族民居对于采光的不足。

在保持原有的白族民居建筑格局之外，加强空间叙事性，进入酒店，踏在青砖地面那一刻，你会发现有很强的探索性，没有琳琅满目、应接不暇，而是娓娓道来，或许在转角处会看到墙面上传统的石雕，再走几步，会看到烈日骄阳下大树透出的点点光斑，再走几步，会穿过带有仪式感的拱门，看到趣味的空间陈设，毛石墙、青石板墙面都会给你带来独特的感受，印象深刻。天然石材、传统建筑形式的再设计，巧妙地解决了建筑与人文自然之间的冲突，让三者相互辉映。天然的石材经过人为的手工雕琢更为朴实，加以自然竹木板、木材的运用及老家具的陈设，使空间更有温度。

设计单位：
BA XUN 建筑工作室

设计：
八旬

主要材料：
双廊传统手工石材、木材

面积：
700 平方米

摄影：
JLAP | 坛坛

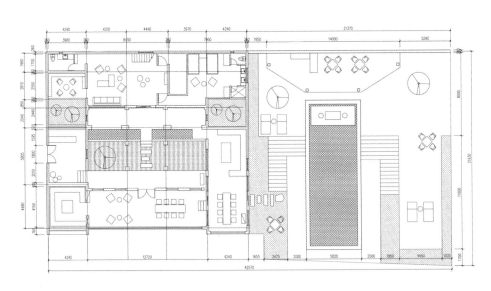

一层平面图

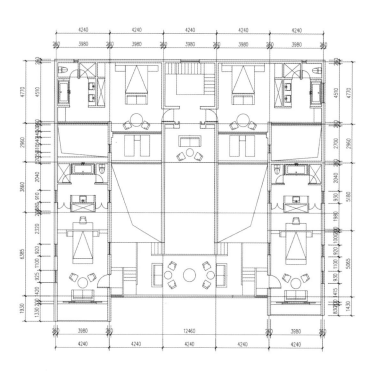

二层平面图

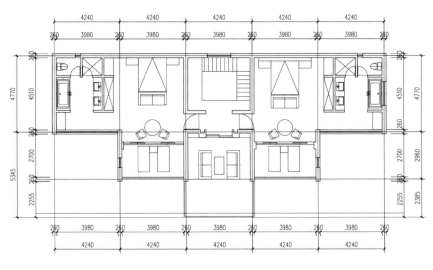

三层平面图

八旬

乡村实践建筑师。

分析思考传统建筑能给我们什么样的引导与启示，并以此延伸至整体空间，这是一条非常重要的线索，如何将建筑合理地融入整体环境氛围，并且如何将其与之区分出来，这也是一大难点。

民宿信息

地址：云南省大理白族自治州大理市双廊镇大建旁村

深圳海贝湾·蜜悦

海与远天衔接，犹如一片无垠而繁茂的牧场，白浪闪着琉璃瓦的光泽徐徐涌来，近处错层叠落的白房子呼应着海岸线的叠石小丘……人在这样一片纯粹而浓郁的蓝色之中，感受纯粹的自然与色彩间流露出的澄澈与美好。

蜜悦位于深圳大鹏南澳海贝湾度假村，这幢如盐粒般洁净的纯白建筑，在沿海的屋瓦中显得越为朴实与宁静，亦赋予了居住者焕然一新的审美情趣。设计师希望空间的气质与海边的宁静相融合，呈现简单、纯粹且美好的视觉感受，令来往的旅客静心融入其中，渐入澄明悠然的心境。

艺术源于生活，又高于生活。设计从生活中获取艺术的灵感，在拙朴的言语中为蜜悦创意性地营造了一种"当代"，打造无拘无束的惬意旅居生态，使居住成为一种精神上的自由式享受，达到极佳的舒适感。步入接待区，一众白色的墙面与随处可见的拱形门洞围合出空间布局，搭配上大理石细碎的花纹，让整个空间既柔美又带着庄重感。细节上于当代主义中择善而取，运用手工编织草帽、布画以及民族风抱枕、挂件、地毯等装饰，作以承载情感与意境的美学表达，使得野趣灵动的气韵在空间中转意迭出，共同勾勒旅居生活的美学质感。

时间在空间中的关系，随着室内的建筑感变得充满戏剧性，予人的感觉恍如身临地中海的城堡中，体验一种异域的浪漫风情。从入口、接待区，到过道、楼梯间，再到客房及观景露台，设计师设置了8处网红打卡点，以设计为空间赋能更多价值所在。楼梯以圆弧的形制打造轻盈的姿态，随着光影的变化呈现了一种新的时空感，指向精神上的深意。

客房沿用拱形门的元素，通过弧度墙面的打造，增加了空间的层次感、神秘性与趣味性。光与影在门洞与窗格中的自由渗入，组成点、线、面间的韵律变奏，让人在恍然中忘记空间的真实尺度。陈设上规避了过多的杂饰与设色，在白色与木色的基调上，用别致的吊灯、彩色陶罐等圆润的弧形单品装点，令材质的肌理在细腻与粗粝之间发生着对话，质实而空灵，成为空间意境营造的最佳注脚。客房的每扇窗户都被精心安排，朝向最美的视角开设，为来客细细收集这里的每一刻光景。透过细框落地窗远眺出去，清蓝的海与山成了一幅框景，日出的璨斓、海浪的长歌、晚霞的温柔……

设计单位：
埂上设计

设计总监：
李良超、黄圆满

设计：
文志刚、冯雨

软装设计：
禾和设计

业主单位：
深圳蜜悦酒店管理公司

面积：
550 平方米

摄影：
Remex 飞羽

一层平面图

风吹拂入堂，携带着一束束阳光，悄悄地游弋到屋子里的细处角落，空间里素雅无匹的物件变得愈加温润，营造出脱离于现实、照入梦想的情景感，令住宿体验更具趣味。当夜幕来临，远处摇晃的船灯与近处小渔村稀稀落落的灯缓缓点亮，海上还有一些晚霞的余晖，建筑落入了一片宁静之中，将度假休闲的氛围烘托至极致。人们能够在这里寻得除了工作之外另一种生活的平衡点，在春日困懒的午后，在夏夜清爽的海畔，赤足踱步，融入自然，心绪朴素。

二层平面图

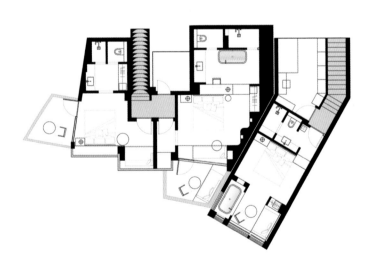

三层平面图

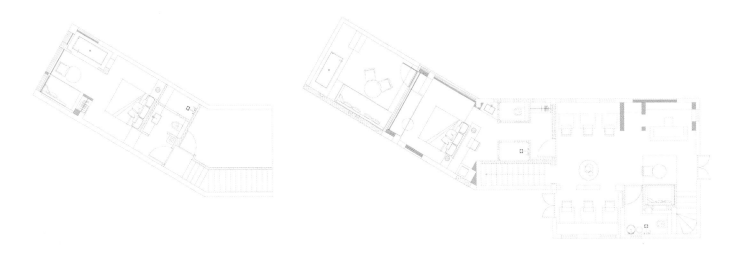

A 栋负一层平面图   A 栋一层平面图

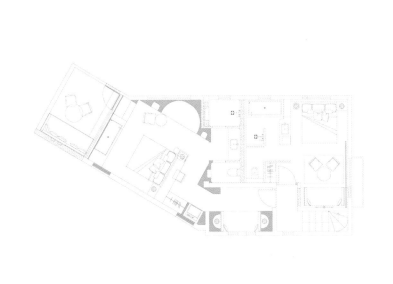

A 栋二层平面图   B 栋负一层平面图

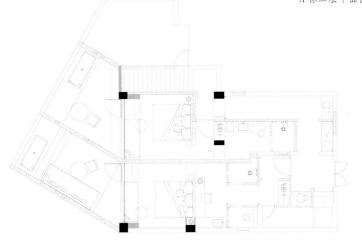
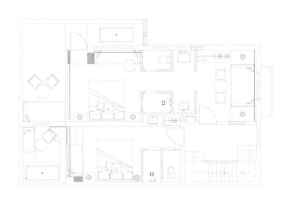

B 栋一层平面图   B 栋二层平面图

设计不仅仅要呈现功能上的全面、视效上的新趣，更要使心灵能够在进入空间时产生共振。在蜜悦的设计中，我们希望空间的气质与海边的宁静相融合，呈现简单、纯粹且美。

埂上设计

2014 年成立于深圳，由设计师黄圆满与李良超联合创办，设计范畴包括精品酒店、地产、商业、办公、会所与别墅的室内与软装设计。

民宿信息

地址：广东省深圳市大鹏新区南澳街道南隆社区海滨南路 33 号海贝湾度假村 E11 栋 101 号
电话：18123708560

曾厝垵·言海

栖息于海岸边的一块礁石，享与海的对话。

曾厝垵位于厦门的东南部，这里原本是个临海的村庄，也被称为最文艺的渔村，集原始的自然景观与人文为一体。言海民宿的名字从"沿海"谐音而来，在这里可以直接眺望大海，与海对话。

改造前的言海原本是一间村民的房屋，设计师重新进行了区域划分，在拥有着十二间客房的同时还有活动草坪、篝火派对区、餐厅、以及星空泳池。设计让建筑拟化成海岸边的一块礁石，将斜切面的元素延用至空间的每一处细节中。打破建筑传统四方的概念，在拥有功能性的基础上能够与自然相结合，显得独具一格。

公共区域与餐厅进行结合，透过落地玻璃可以看到星空泳池的全景。设计师希望客人从房间中可以直接跃入水中，时刻与大海进行互动。因此在两幢客房间建造了一个星空泳池，呼应出"海天一色"的概念。提取出热带地区的特色水果，椰子中果肉与壳的色调融入空间中，选用米色涂料与木材做搭配，呈现出明媚温暖的质感。

言海民宿共有十二间客房，其中有七间套房和五间 LOFT 亲子房，大海的元素在房间内随处可见，空间与自然和谐共生。亲子房中的结构形态各异，充满着趣味性，配上滑梯与镂空墙，整个空间仿佛是一个游玩的天地。同时考虑到实用与美观性，圆形的弧度能够最大地保障孩子在玩乐时的安全问题。二层的客房配有独立的阳台，穿透海底的光线为设计灵感，分别使用圆形与长条形的造型般作为屋檐，最大程度地让阳光洒满空间的每一个角落。走上三层的客房可以看到不远处的海景，背景墙像提取浪花的灵感倾斜在空间中，富有动感。

设计单位：
杭州时上建筑空间设计事务所

设计：
沈墨、林奇蕃

施工团队：
邹子帆

面积：
800 平方米

摄影：
瀚默视觉 | 叶松

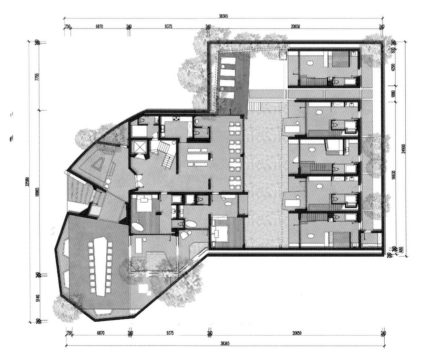

总平面图

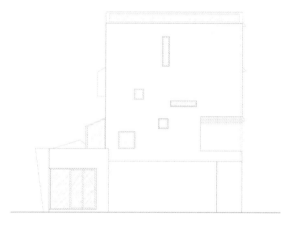

立面图

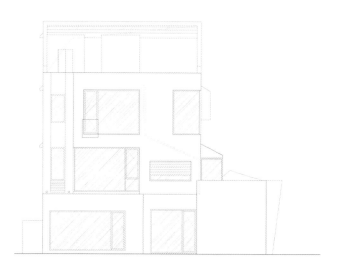

立面图

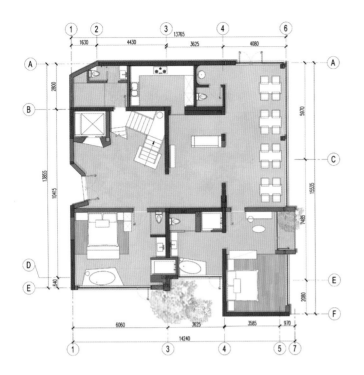

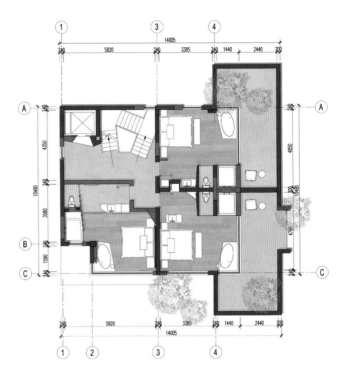

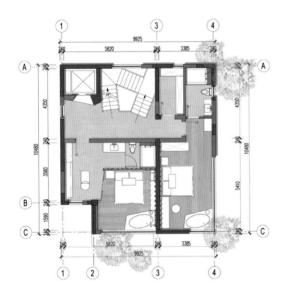

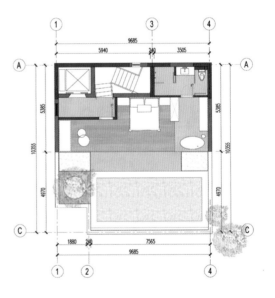

平面图

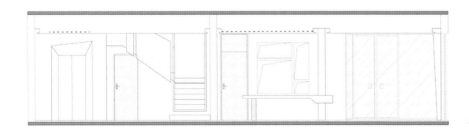

立面图

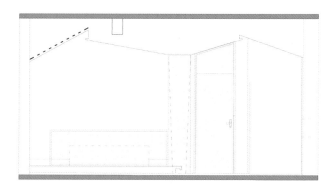
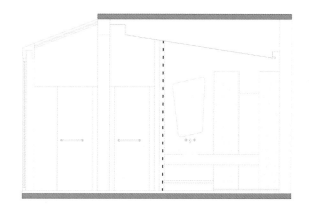

立面图

沈墨

杭州时上建筑空间设计事务
所创始人，专注于打造共生
生态、愉悦自在的空间体验。

想在沿海城市，建造一个让人悠闲之地，靠近沙滩，于海岸
边欢声笑语，度假休闲，享受一刻浪漫时光。

民宿信息

地址：福建省厦门市思明区溪头下 56 号
电话：15959284240

和顺·安之若宿

和顺地处云南边陲，所在的腾冲以温泉出名。这个明朝的马帮古镇，几百年来，依然保持着前朝旧貌。一条小溪绕村而过，把江南一样的田园和山腰的古镇分割开来。中国古代的集镇、街道大多是前店后宅，小小的门店，大大的宅院，一进又一进。安之若宿更特别，一端处于闹市，一端隐于云天，维系其间的是不足几方的细窄坡道。方向的转折和高差的跳跃，使场地区域间的关联性变得十分薄弱。

人走在和顺老街上，会有一种压迫感：每一家店铺，沿街立面分毫必争。安之若宿是否可以选择一种与世无争的姿态去应对——隐藏起入口，用整体深长的纵向空间与山林云雾对话。立面淡了，建筑顺着山坡爬升。这一刻，消解的立面重新定义了屋顶的"存在"。屋顶覆盖在山坡上，沿着视觉动线折层而上，把原本隐于房屋聚落背后的山林重新拉进视野，形成一个全新而三维的立面。逼仄的小街瞬间被打开动线，人们不再一味低头向前，也可以移步边上，在一片瓦面上停下来，谈论、观望，抑或只是拍一张照片。这个卧倒的立面，成了一个街边合院，而非一家民宿的界墙。

外立面的消失和整体立面的后退，使空间得到重组，也唤醒了古镇生活对于山林的感知。山间小道若隐若现，建筑以退为进，寻找与街巷、邻里、坡地和山林之间的融合关系，使空间、时间和几百年古镇脉络的联系，变得越发暧昧。清风淌过，在古街小巷的呼吸间，建筑的屋檐与地面之间微启的入口，将旅人引入室内的另一重世界。在这里，屋顶、墙体、立面和地面的界线被模糊了，空间是一个"场"而非被传统梁柱切割的"房间 / 隔间"。建筑内部的功能和动线逐一应对山的走势，整体公共空间依附着山体生长，上下相连，阡陌交通。

餐厅、酒吧、表演、茶台、阅读、文创，顺地势而上，依次排开。时间被纳入场域之中，活动的场景在不断的发生、互动。旅人的每一步，都会和山、和林形成一种对话。透过不同高度的窗捕捉到不同角度的林间景致，仿佛你在和山一起呼吸，每一个转角都可能遇到新的惊喜。好奇心驱使着旅人去探索这个"另世界"更多的乐趣，消解了"爬山"过程的负担。

设计单位：
STUDIO QI 建筑事务所

设计：
戚山山

参与设计：
赵雨婷、杨萍、周梦凡、许斯雯

主要材料：
瓦、木、玻璃、混凝土、火山岩

面积：
2500 平方米

摄影：
金伟琦

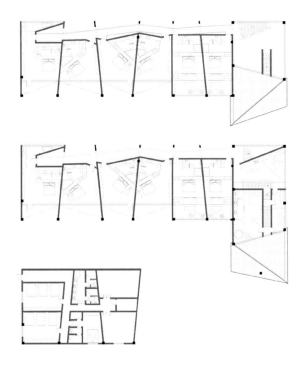

平面图

安之若宿有 15 间客房，2.5 维的建筑手法被用来应对复杂的场景关系，寻找每一间的最佳景观面。2.5 维是对纯二维和纯三维空间认知的一种突破。二维，直接而抽象，却容易忽略空间的属性、质感、对情感的触发以及对生活方式的影响；而三维表达的是透视，时常把空间扫描得一丝不漏，却没有"偏见"。在这里，建筑墙体和空间界线的微妙关系被探讨和试验。墙并非牢不可破，反而是一面脆弱的屏障，可以在瞬间被柔软的光影打散或消失。每间客房都运用了 2.5 维的"微墙体"空间手法（类似于浮雕和强透视相结合的方式），使主要侧墙微微凹折，发展出另一个不经意的空间，随着昼夜光线的变化交替，时间被引入，空间开始错位，不可被丈量，人的方位和视觉成为两组不同的线索。

从进入安之若宿开始，时间不再是线性发生的，空间也不再是规矩方正的。2.5 维，不是被动套用经验，而是用微弱的界线，构建新的视觉记忆，提倡关于体验和感知的可能性。它不是固定或扁平的，而是模糊的、圆融的、暂时的、可逆的。仿佛空间撕开一个小口，时间、记忆、故事从这里流淌出来。

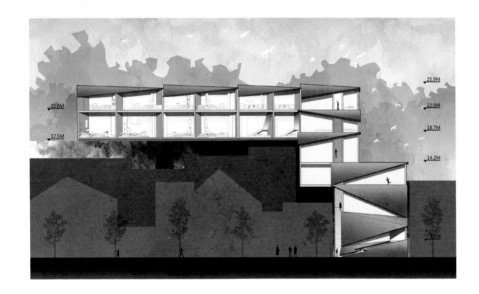

立面图

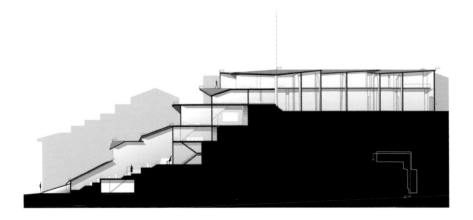

剖面图

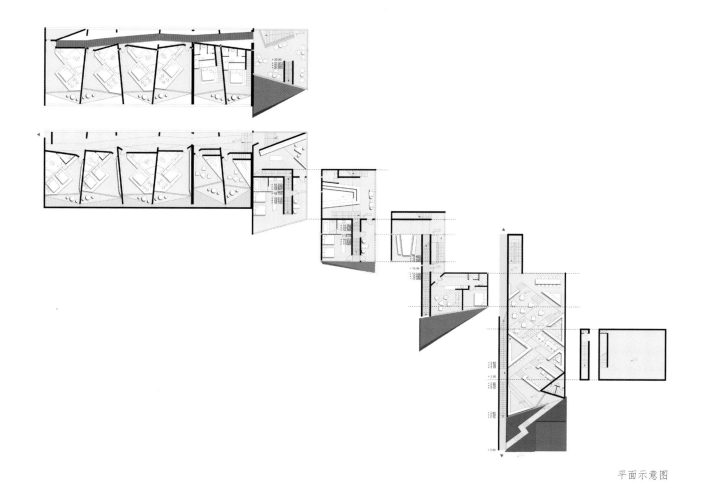

平面示意图

平面图

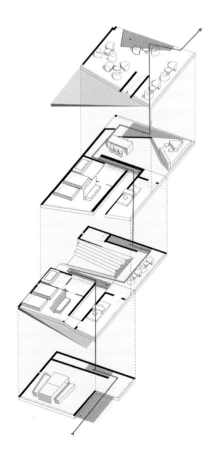

公共区域，动线关系示意图

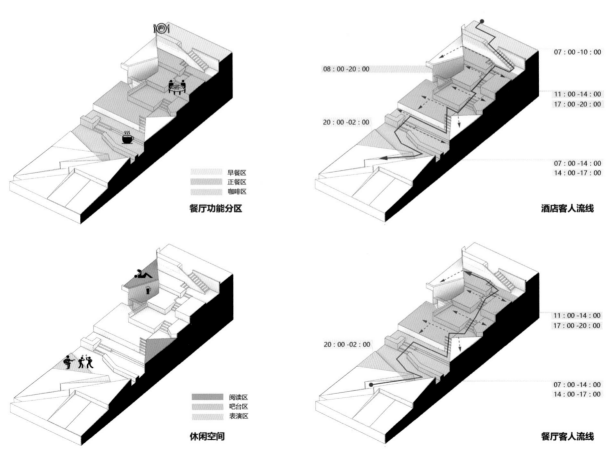

餐厅功能分区

早餐区
正餐区
咖啡区

休闲空间

阅读区
吧台区
表演区

酒店客人流线

07：00 -10：00

11：00 -14：00
17：00 -20：00

07：00 -14：00
14：00 -17：00

08：00 -20：00

20：00 -02：00

餐厅客人流线

11：00 -14：00
17：00 -20：00

07：00 -14：00
14：00 -17：00

20：00 -02：00

餐厅区域，空间与时间关系示意图

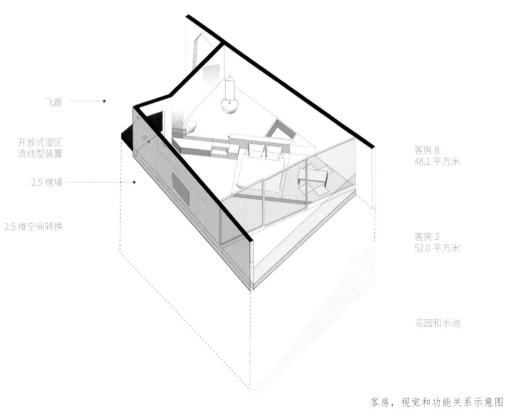

飞廊

开放式湿区
流线型装置

2.5 维墙

2.5 维空间转换

客房 8
48.1 平方米

客房 2
52.0 平方米

花园和水池

客房，视觉和功能关系示意图

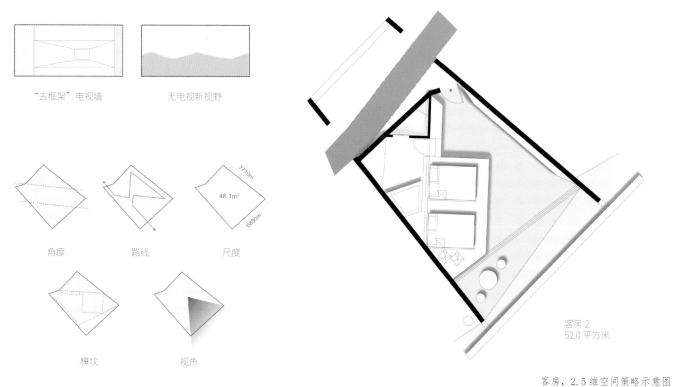

"去框架"电视墙　　无电视新视野

角度　　　路线　　　尺度

7710m

48.1m²

6880m

模块　　　视角

客房 2
52.0 平方米

客房，2.5 维空间策略示意图

戚山山

STUDIO QI 建筑事务所创始
人、主持建筑师，中国美术
学院建筑学博士，哈佛大学
四年制建筑学硕士，哥伦比
亚大学建筑学最优等学士、
最高等学士荣誉、百年学者，
AIA 美国建筑师协会会员。

建筑创造记忆，这是自然建造的本意；形式应当充满活力，可以不断触发体验，体验成为新的记忆，由此记忆才能延续。安之若宿的设计不仅仅是关于形式语言的探讨，而是从真实的上山体验入手，对自然形态的理型探索。平日住在杭州西子湖畔边，经常跑山，叠加而生灵动的场景记忆深刻，这些循环记忆也同样关照着安之若宿的概念形成。

整体形态、功能排布、空间网格的自然理型，塑造出并置的双梯、错落的屋檐与自然游走的路径组织和顺势而升的入山体验，使逼仄的古镇街巷向山脉开放。建筑的每一个转角都可能遇到新的惊喜，多维的体验构成了属于安之若宿的"集体记忆"。从古镇街巷始至场地顶端主楼的客房中，在屋檐叠落时，在斜梯山径缓行时，或在客房坐卧观山时，体验到无数局部、片刻以及种种仿佛没有逻辑关联的时空感受。这些令人惊喜的琐碎感受，在自然游走的时空中逐渐串联为具体且整体的游山与观山体验，构成了旅人、山林、茶马古镇与安之若宿的共同记忆。

民宿信息

地址：云南省保山市腾冲市和顺古镇水碓村
电话：13388755280

安吉·木野

民宿原始的场地有着两座建筑：一座旧的，夯土结构，看上去似乎经历了几十年风雨，沧桑都显露在老壁旧瓦之上；另一座是尚未完成只有基础结构的农民房。当时被这两座建筑之间的对话与碰撞产生了好奇，于是我们规划两边建筑的功能，用生活场景去串联起这两座新旧建筑。

老房子的体验，新房子的舒适。最强调的是大自然的深刻体验，有特定位置的窗框和风景，有特殊营造出来的气质和感情。新建筑中的房间设计极简且柔软，整个空间气质细腻温和，每一处的停留都能看到风景，闻到自然的味道，清淡不腻。一座白色建筑墙体极致的简洁，另一座建筑刻意扒开表皮露出夯土质感的粗犷。设计师将新建筑漂浮于水面之上，老建筑则是根基坚固，饱满的精神状态。水能够很好的将远处的大山反射过来，当走在空间中，平行视角可见。

这里的部分材料可以感受到生命，慢慢地随着时间和空气变老，正是因为这份老使空间增添了不完美与朴实，且不过于精致。让客人可以读懂民宿主人老王的故事：从不舍，不安到喜悦、幸福。项目建成后老王和老伴依旧住在老建筑内，他们还拥有一个私密的后院，那边可以直通至山上。在山上，老王种了很多树，养了很多鸡。

木野其实没有过多的设计语言，更多的是将流线处理的相对有趣，入口通过巨石小径绕行到建筑后体，未看到水却可以听到水声层层渗入空间。入口有一处长凳供客人停留，既然已经来到了这里，那么就让节奏更慢一些。新建筑一楼的客厅，大落地玻璃引入的是泳池里水倒映的山景，池边水泥与白墙默然静立。关于新老建筑，自然与人的共生关系，通过水作为媒介去关联彼此，用自然的手法完成自然的空间。关于阳光对建筑与室内空间的暧昧关系，则以拥抱的方式去迎接阳光与自然，让人的感受变得如此真实。竹子、树根、山石，这些都是这片山里宝贵的礼物，设计师做的仅仅是让这些成为空间里的一部分基因，和夯土老房一样，是故事经历的见证者，也是参与者。

设计单位：
泛域设计

设计：
朱啸尘、柴尔焕

参与设计：
凌宗生、卢黔兰、马丽丹、蒋冠航

软装设计：
天饰软装

项目业主：
吴建宏

面积：
1200 平方米

摄影：
施峥

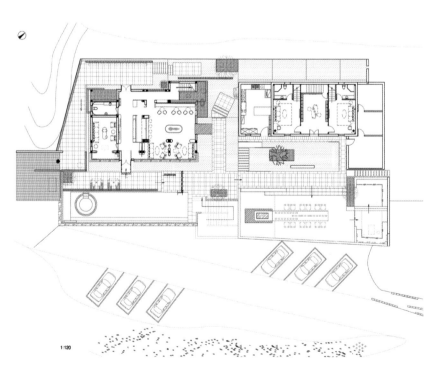

1:120

总平面图

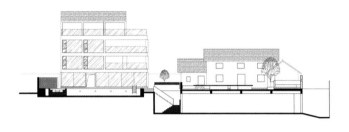

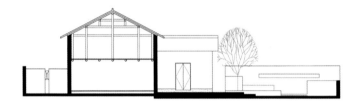

剖面图

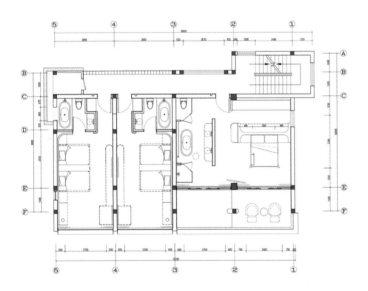

二层平面图

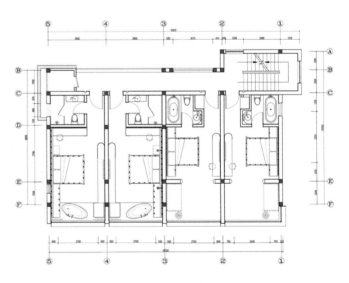

三层平面图

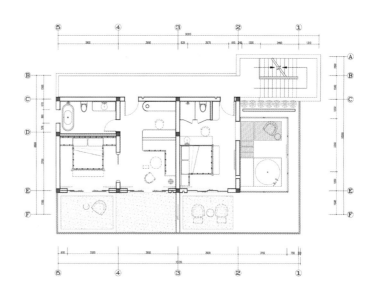

四层平面图

朱啸尘

泛域设计创始人、主持设计师，光合机构设计合伙人。毕业于伦敦艺术大学硕士学位，美国休斯敦 NASA Space Center 设计开幕式空间的华人设计师。

记得两年前第一次走进安吉山报福镇深王线的竹海山林深处，感慨着生命如此美好，蝉噪林逾静，鸟鸣山更幽。作为一个长期在城市生活与工作的设计师而言，眼前的这山、竹、水、雾、鸟鸣、空气……带来了前所未有的感受，先前的老房旧屋，如今的客人远道而来，团队注入两年心血与时光。

木野是我投入设计工作以来，遇到与自然最亲近的场地了，老房子坐落在半山腰上，海拔是那片最高的，气候丰富多样，木竹茂盛，远处一片山景，再加上与委托我们设计的运营者老吴与老房子几十年的主人老王相处下来，这些有温度的情感在我看起来，是设计过程中最稀缺、宝贵的因素。这里的一切都是躲避城市生活最好的状态，相信随着时间的推移，我们每年都会回到这里和主人喝上一杯热酒，停下来去聆听环绕我们的自然，停下来去回忆建造的艰辛，停下来去憧憬未来设计的美好。

朱啸尘

民宿信息

地址：浙江省湖州市安吉县报福镇深溪村龙王庙自然村
电话：13336838853

香格里拉·无舍扎西牧场

扎西牧场是一家精品民宿，也是一个独立的小世界。开阔的草原牧场，清澈的高原湖泊，圣洁的冬日雪山，纯净的原始森林——这里曾是茶马古道上进藏的第一站，由于水草丰美，马帮进藏之前都要在这里停留几天养马。与世隔绝的地理位置让它远离了一切现代文明，周围依然是最原始的自然状态。

15 平方公里的土地上生活着扎西培楚一家人和他们的牛、马、猪、羊、鸡、狗、猫……长着松树、杜鹃、秋英、狼毒花……清晨湖面如镜，午后花草招摇，日暮山水如黛，入夜繁星漫天。这里有地道的藏式生活，也有纯净的生态环境。牧场四周的山像一个张开的怀抱，环起了牧场的主人扎西一家，也以欢迎的姿态等待着每一位住客。

受牧场地理位置影响，设计上无法大力借助科技，需要利用"本土"的建设智慧，因地制宜，得到最优和可持续的方案。设计师利用"拆东墙补西墙"的方式，将余料尽量用在新建基础上，室内的木柱梁则是牧场主人多年攒下的自然风干的松木料。从民宿角度出发，希望既能延续当地民俗文化，又能令客人拥有足够的舒适度，这两点在细节上难免会有冲突。如藏式楼梯过于陡峭却没有扶手、不便利客人的走动，但设计却保留下了原藏式楼梯，只是在每个踏步上增加了扶手等安全措施。同时保留了书吧和前厅区的藏炉，抬高和加大放置火炉的石台，控制安全距离。

建筑为草原上的传统大藏房，选材多为原木及石材，形制遵循藏房传统，气势恢宏，木雕精美。扎西牧场为远道而来的客人准备了 12 间房型各异的藏式客房，八成以上的客房坐拥草原景观，推窗即是草原湖景和牛铃叮当，最大限度与自然融为一体。室内设计简约大气，选用高品质原木家具，辅以藏族特色物件点缀。大量木饰面和棕色、褐色、原木色为主的色彩搭配，低调沉稳，更多地把人的视线引向窗外的广阔辽远。在牧场，可以迎着日出做一场气定神闲的瑜伽，呼吸吐纳之间都是自然里最纯净的氧气；可以蹲下来仔细观察脚边的生灵，蝴蝶和蜜蜂交织挥舞，蘑菇和野花一样美妙；也可以花上一个下午的时间在湖边等鱼上钩，尝试读懂藏民"钓到了晚饭吃鱼，钓不到吃青菜"的朴素生活态度；在草地上可以扎起帐篷露营，将身心毫无保留地交给自然……在扎西家可以看到藏民真实的生活，仿佛人类的悲欢也可以相通。走进牧场只有一条路，和这片土地亲近的方式有无数种。

设计单位：
苏州无舍文化传播有限公司

设计：
杨牧和

参与设计：
Cory Crossman、马嘉伟

软装设计：
杨莹

主要材料：
火烧板、实木复合地板、细沙白色乳胶漆等

面积：
2220 平方米

摄影：
七爷、相游

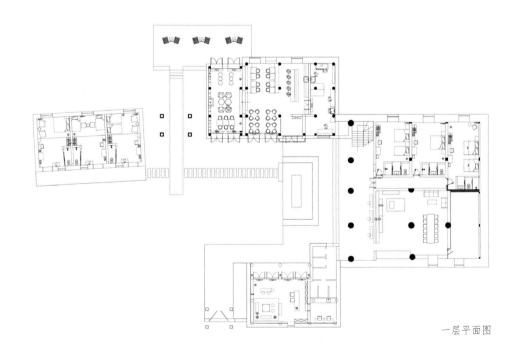

一层平面图

牧场之外，驱车一小时左右可到达闻名
遐迩的独克宗古城、噶丹·松赞林寺和
普达措国家公园，它们是香格里拉最具
代表性的文化和自然符号。牧场之内，
可以徒步穿越海拔 3500 多米的天然森
林草甸，那是一场充满发现和奇遇的旅
程；若热爱摄影，这里有丰富的高原物
种、独特的自然风貌、无垠的璀璨星河，
都会让人停下脚步。来到这里，扎西一
家会带领住客分辨高原野菌山珍，品尝
独具特色的藏地美食，感受藏民居家的
生活场景，聆听在地居民坚守了千年的
信仰。

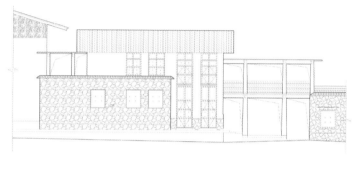

C 栋立面图

扎西牧场是一处隐于藏地的桃源秘境，也是一方安放都市人疲惫身心的净土。久在樊笼里，复得返自然。在这里，风和水都在自由地流动，人的内心也跟着开阔通透了起来。透过阳光看每片花朵，找不出一丝杂质；借着月光看远山如墨，听不到任何市声。终会明白，为何"心中的日月"便是香格里拉。

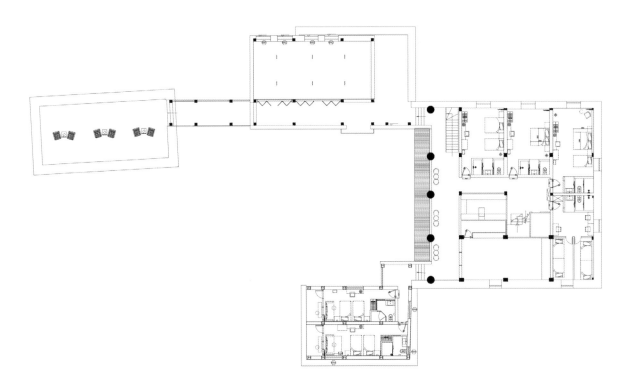

二层平面图

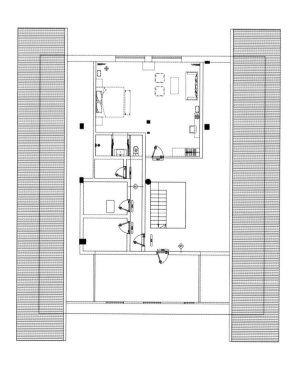

三层平面图

杨牧和

无舍创始人、著名设计师,
留法室内建筑与设计硕士,
曾创办国内知名业内网站
IBBS 及 idzoom 室内设计师
网。2019 年起,逐渐丰富无
舍业态,致力于从空间打造、
产品开发及展示、文化传播
等多个角度展现无舍代表的
设计美学、生活方式及处世
态度。

第一次去往扎西牧场时,道路还在建设,路况很差。通往香格里拉草原的山路多弯曲折,每个弯道像隐藏了一幅"消失地平线"的风景画、超蓝天空和特清晰的云朵轮廓、旷阔的青稞田穿插了几条小溪、有时还需要注意为牦牛让路。村口可以看到转经筒或佛塔,也可以看到路边藏民夯土大房和晾晒青稞的木架子。到达扎西牧场的最后一弯道是个下坡的弯路,在远处首先会见到湖泊的阳光闪亮了松林、下坡眼前一片的野生杜鹃花一直延伸至牧场门前的小佛塔。

牧场的核心在于家族嗣徽。第一次来扎西家,他带我们到餐厅喝茶和吃青稞饼,我记得原餐厅墙上挂了一幅小女孩的油画,那是扎西儿媳妇七岁时的肖像,特别美。她穿着红色、金色的袍子,手上拿着铜茶壶。我对这幅画印象深刻,所以书吧右边的壁龛为这幅画留了一个专属位置。扎西大哥年轻时为全世界各地探险家在香格里拉和西藏做向导,他保存下来了所有的照片和信封。所以我们在民宿的书吧里留下了左边壁龛的位置给扎西大哥填充他做向导时的记忆。

扎西大哥的家族目前仍生活在牧场,这里既是民宿,更是他们的家。我们希望来到这里的人既是民宿的客人,又是来扎西大哥家做客的远方亲戚和朋友。一望无垠的草原、阳光闪亮的湖泊和扎西家的热情款待,这处无舍扎西牧场的嗣徽是我们最珍惜的状态。

民宿信息

地址:云南省迪庆藏族自治州香格里拉市
小中甸镇和平村支特组 26 号
电话:17787698660

夏河·诺尔丹营地

诺尔丹营地坐落于甘南桑科草原上，源于向外部世界分享草原上游牧民族生活与文化的愿望。营地每年只在草原最美好的季节里开放 5 个月，其余的时间，大多数建筑物被拆除，草原被还原成本来的样子还给动物和自然。

营地主人依旦杰布，从小生活在游牧家庭中，他的妻子德清，是欧洲与西藏的混血儿。诺尔丹创造了一个与众不同的世界，与外部的世界分享他的土地和文化，也为当地的牧民带来了更多的工作机会。最初，依旦向朋友和家人解释营地的设想时，人们对谁会来这么偏远的地方住持怀疑态度。在荒野中创造舒适和奢华的想法被视为一种奢侈，一种异想天开的想法，在经济上不可能持续下去。因此，开设诺尔丹营地实际上是一次冒险的尝试。

营地的团队主要由当地的游牧藏民组成，他们来到这里之前没有任何民宿行业的经验。依旦与领导团队从头训练新兵，鼓励他们真诚地欢迎客人，让他们感到安全和自在。这种与生俱来的能力超越了语言障碍，让游客体验到与土地和当地社区的直接而独特的联系。

设计单位：
诺尔丹营地

设计：
依旦杰布（Yidam Kyap）

参与设计：
德清雅诗（Dechen Yeshi）、
Blake Civiello

主要材料：
牦牛绒、木材

面积：
44000 平方米

摄影：
Philippe Le Berre、An Zhao、
Dechen Yeshi

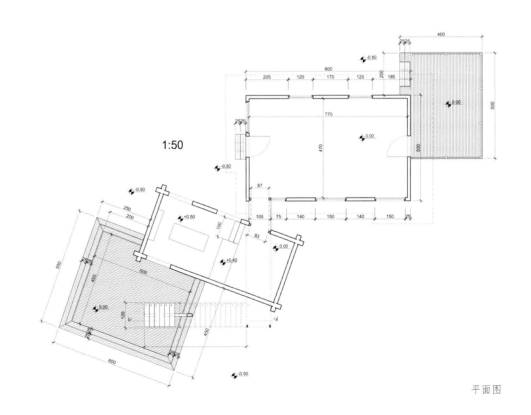

1:50

平面图

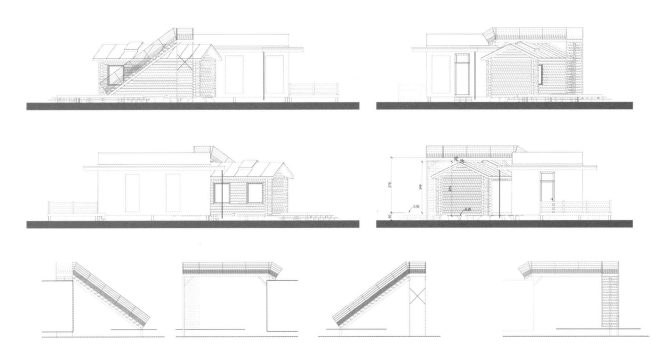

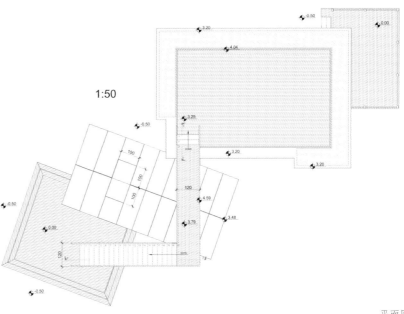

1:50

平面图

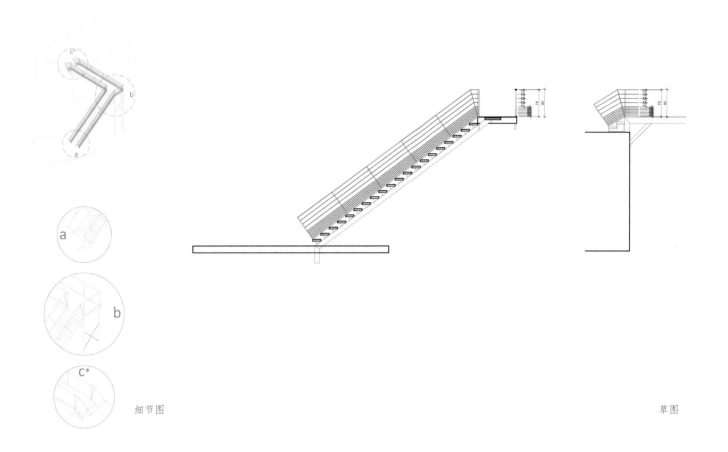

a

b

c*

细节图   草图

依旦杰布

生长于游牧家庭，诺尔丹营
地主人、设计师。

作为一个年轻的成年人，我有幸前往东南亚的许多地方。当
许多人向我敞开他们的世界并分享他们的文化时，我想起了
我也可以与来自世界不同角落的人们分享的一切。我想起了
我小时候去别人家和欢迎别人来我们家时的兴奋，我意识到
这就是我想要的生活：欢迎人们进入一个我可以称之为我自
己的小空间，并与他们分享我的土地和我的文化。

我喜欢整个营地，它由小溪和河流、矮树和无数的花朵组成。
我会说，我觉得最快乐的是在一天中的特定时间而不是特定
地点。黎明的第一缕曙光，鸟儿的沙沙声和清新的晨露，是
我一天中最快乐的时光。我梦想的旅程是花几个月的时间带
我的女儿们去看看青藏高原：山脉、山谷、河流和草原。我
希望她们与她们来自的土地建立联系，并像我一样学会热爱
和欣赏它。

民宿信息

地址：甘肃省甘南藏族自治州夏河县桑科草原
电话：15109418170

图书在版编目（CIP）数据

民宿在中国 2 / 陈卫新编 . — 沈阳 ： 辽宁科学技术出版社 ， 2022.10
ISBN 978-7-5591-2505-7

Ⅰ . ①民… Ⅱ . ①陈… Ⅲ . ①旅馆－建筑设计－中国－图集 Ⅳ . ① TU247.4-64

中国版本图书馆 CIP 数据核字（2022）第 069380 号

出版发行：辽宁科学技术出版社
　　　　　（地址：沈阳市和平区十一纬路 25 号 邮编：110003）
印 刷 者：凸版艺彩（东莞）印刷有限公司
经 销 者：各地新华书店
幅面尺寸：215mm×285mm
印 　 张：24.5
插 　 页：4
字 　 数：480 千字
出版时间：2022 年 10 月第 1 版
印刷时间：2022 年 10 月第 1 次印刷
责任编辑：杜丙旭
特约编辑：李 　 娜
封面设计：关木子
版式设计：关木子
责任校对：韩欣桐

书 　 号：ISBN 978-7-5591-2505-7
定 　 价：388.00 元

联系电话：024-23284360
邮购热线：024-23284502
http://www.lnkj.com.cn